2

Future Genius

未来科学家

奇趣的动物王国

Animal Kingdom

[英]英国Future公司◎编著　沈成◎译

人民邮电出版社
北京

这本书里有什么

22

32

38

51

68

74

91

什么是动物

动物是由多细胞组成的生物，虽然植物和真菌等其他生物也是如此。而动物与其他生物的不同之处在于，它们吸入氧气，呼出二氧化碳，不能像植物那样进行光合作用，而必须通过进食来获取能量。植物可以从阳光中获取能量，真菌直接从它们所处的环境中获得能量，但动物必须要寻找并摄入食物才能获得能量。绝大多数动物能够四处活动，这样有助于它们寻找食物，同时避免自己成为食物。

地球上所有的动物可以分成两大类：脊椎动物和无脊椎动物。脊椎动物拥有脊椎，大约有66 000种脊椎动物。脊椎动物又可以分成5类：鱼、两栖动物、爬行动物、鸟类和哺乳动物。大多数人对脊椎动物非常熟悉，但它们只占所有人类已经发现并命名的动物物种的不到5%。而其余的超过95%——大约130万种——都是无脊椎动物。而且这还不包括我们未发现和未记录的。无脊椎动物没有脊椎，它们拥有柔软的身体，或身体有被称为外骨骼的硬壳保护着。这些无脊椎动物中有超过100万种是昆虫，无脊椎动物类群还包括像蜈蚣和马陆这样的多足类，蜘蛛和蝎子这样的蛛形纲动物，蜗牛和章鱼这样的软体动物，蚯蚓和水蛭这样的环节动物，以及水母、珊瑚和海葵这样的刺胞动物。通过各种各样的生存本领，动物们几乎存在于地球上每个角落。从巨大的鲸到微小的虫子，地球上充满着各种各样的生命。每个物种都有它们自己的本领和特点，对任何一种动物来说，生存都是不易的。在本书中你也会看到，无论动物在哪里为家，都面临着生存的挑战。

试一试！

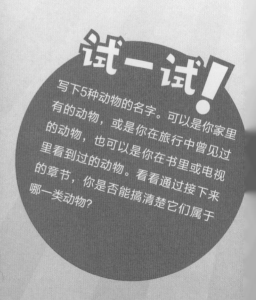

写下5种动物的名字。可以是你家里有的动物，或是你在旅行中曾见过的动物，也可以是你在书里或电视里看到过的动物。看看通过接下来的章节，你是否能搞清楚它们属于哪一类动物？

单词搜索

在下面的字母阵列中隐藏着一些动物的英文单词。试一试你能不能找到它们？其中哪种动物是你最喜欢的呢？

G	Z	E	B	R	A	C	D	D	L	D	Y	R	H	B
H	I	F	V	T	M	T	R	Z	O	S	M	V	S	H
W	B	R	I	A	O	I	Y	O	W	V	H	U	E	X
C	D	U	A	N	W	G	V	N	C	N	Y	A	D	Y
G	C	W	C	F	Z	E	E	M	X	O	C	O	R	P
Z	L	A	N	E	F	R	O	C	V	P	D	W	Z	K
D	C	F	L	V	E	E	J	P	S	A	Z	I	Z	W
J	V	M	R	J	M	X	F	L	W	A	L	M	L	P
T	E	F	G	Y	I	D	D	H	T	B	C	R	N	E
N	T	V	A	Z	K	Q	E	S	I	O	B	I	R	Z
R	N	N	G	Z	C	J	W	I	B	W	L	Z	Q	G
D	C	S	R	F	I	R	H	G	Z	A	E	G	F	P
C	O	H	N	F	V	I	A	Y	C	K	W	G	U	K
B	O	C	T	O	P	U	S	B	X	E	B	E	W	U
N	L	Z	J	X	D	Q	P	I	Y	C	M	W	W	Q

答案：TIGER（老虎）；FOX（狐狸）；SHARK（鲨鱼）；CROCODILE（鳄鱼）；GIRAFFE（长颈鹿）；ZEBRA（斑马）；OCTOPUS（章鱼）；CRAB（螃蟹）。

温血而多样的哺乳动物

哺乳动物包含6500多个不同的物种，这其中包括我们人类，也包括我们喜爱的猫、狗、马和兔子等宠物。哺乳动物有几个特点是有别于其他脊椎动物的。所有的雌性哺乳动物都拥有乳腺，用来分泌乳汁喂养幼兽。哺乳动物和鸟类一样是温血动物，但覆盖全身或部分皮肤的是毛发，而不是羽毛。根据分娩方式的不同，哺乳动物可以分成3个类群：大多数哺乳动物是有胎盘的胎生动物；而像袋鼠、袋熊和树袋熊这样的有袋类动物没有胎盘而通过育儿袋养育初生的胎儿；像针鼹和鸭嘴兽这样的单孔类动物则是卵生的。

通过各种各样的生存本领，哺乳动物已经适应了地球上几乎所有的陆地生境。它们奔跑、攀爬、飞荡、跳跃或掘穴，在所生活的家园活动。现今生存在地球上的每一种哺乳动物都来自于生活在陆地上的祖先，不过其中有一些已经演化成了在水中或在空中生活的物种。蝙蝠的前肢进化成了翅膀，让它们能够飞得又快又远，而蜜袋鼯也能够滑翔不长的一段距离。鲸、海豚、海豹和水獭等在水中活动的哺乳动物要么失去了大部分的毛发，身体变得像鱼一样光滑、具有流线型，要么发展出厚实的防水皮毛，保持皮肤温暖和干燥。

与其他脊椎动物的类群相比，哺乳动物在体型和外形上的差异更大。基于头骨大小的比较，人类已知的体型最小的哺乳动物是凹脸蝠，它的体长仅约3厘米。而从重量上来说，最轻的哺乳动物是小臭鼩，它的体重仅约1.8克，与一张扑克牌相当。而体型最大的哺乳动物是蓝鲸，它们也是地球上最大的动物，这些海洋巨兽的身长可达30米，比一个标准的篮球场还长2米，而它们的体重可以达到150吨。

认识哺乳动物

有些哺乳动物飞在空中，有些游在水里，还有一些生活在树上——在所有的生物群落中，都能见到哺乳动物。

红猩猩

家庭纽带

年幼的哺乳动物通常会和父母，特别是和母亲一起生活很长时间，有时候父母会共同照顾幼崽。

果蝠

猎手还是猎物

有些哺乳动物食草，以树叶和水果为食；还有一些则是部分吃肉的杂食动物及完全靠捕猎获得食物的食肉动物。

浣熊

产生乳汁

雌性哺乳动物拥有一种分泌乳汁的特别腺体，乳汁中含有幼兽生命最初阶段所需的所有营养。

胎生

除单孔类动物之外，其他的哺乳动物都不产卵，它们是胎生的。

座头鲸

呼吸空气

所有的哺乳动物都用肺呼吸空气，即使那些主要生活在水下的哺乳动物也一样。

猎豹

毛发覆盖

所有的哺乳动物会在生命的某个阶段长有毛发，有些哺乳动物的身体完全被厚厚的皮毛覆盖，也有一些只有稀疏零散的毛发。

你会是哪种哺乳动物？

回答下面的问题，找出和你最匹配的哺乳动物。

1. 你认为下面哪一个词最能形容你的特点？
A. 顽皮
B. 古怪
C. 忠诚
D. 害羞

2. 如果你拥有一种超能力，你希望是下面哪一种？
A. 超级智商
B. 防卫性毒液
C. 速度和耐力
D. 自动保护的盔甲

3. 在陌生人面前，你会如何表现？
A. 我会好奇并且兴奋
B. 我会想要躲起来
C. 我会很紧张，但不会表现出来
D. 我迫切地希望他们离开

4. 你希望生活在哪里？
A. 能看到大海景色的地方
B. 河边，充满阳光的地方
C. 森林深处
D. 郊外安静的村庄中

5. 你喜欢旅行吗？
A. 特别喜欢，我喜欢看不同的风景
B. 我乐意待在家附近
C. 有时候会，特别是和朋友一起旅行
D. 我还是喜欢探索我生活的地方

6. 以下哪一项最令你烦恼？
A. 那些总是不苟言笑的人
B. 我的私人空间被侵犯
C. 任何让我爱的人不开心的事
D. 那些想要吓我一跳的人

如果你的答案……

A选项最多，那么你是一只……

宽吻海豚

你拥有宽吻海豚顽皮的性格、高超的智慧、乐于冒险的精神。这些海豚喜欢学习新的事物，和群体中的其他海豚一起玩游戏。它们是强壮且灵活的游泳健将，有些海豚群体在冬季会在海洋中游弋很长的距离进行迁徙，寻找食物和温暖的水域。

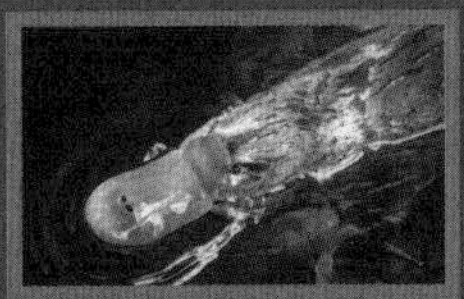

B选项最多，那么你是一只……

鸭嘴兽

你像鸭嘴兽一样独立且独特。你喜欢放松而安静的生活，有时需要别人给你一点自己的空间。如果觉得自己太过于与众不同，请记住，几百年来，人们一直都对这种长着鸭子嘴、脚蹼，并且产蛋的哺乳动物着迷，因为它们是如此与众不同。

C选项最多，那么你是一只……

灰狼

你就像灰狼一样，坚强、勇敢，是团队中一名优秀的成员。你知道有朋友的协助，大多事情会变得更加容易。狼是一种群体共同捕猎的动物，它们分工合作，共同完成捕猎。有些狼生来就是领导者，而其他狼则更乐于听从指示。

D选项最多，那么你是一只……

刺猬

你矜持又害羞，就像刺猬一样，但只要在安全的情况下，偶尔也会愿意去冒险。在刺猬的刺下面，隐藏着一些令人惊讶的技能。刺猬不可貌相，它们很擅长攀爬，游泳也很拿手。

长羽毛的朋友：鸟

鸟类是温血的脊椎动物，也就是拥有脊柱。它们有坚硬的喙、轻盈而坚固的骨架、带有硬壳的卵，还有翅膀和羽毛。现生的动物中只有鸟类拥有羽毛，这种独特的结构继承自它们的恐龙祖先。没错，今天你在地球上看到的每一只鸟，都是从小行星造成的巨大灭绝灾难中幸存下来的恐龙的后代。人类已经发现的鸟有10 000余种，有些鸟会迁徙到很远的地方去寻找食物、寻求配偶；但也有一些鸟，比如企鹅、鸸鹋、非洲鸵鸟和几维鸟（也叫鹬鸵）是不会飞的。羽毛能够让鸟类在水中保温并保持身体干燥，有一些鸟是游泳健将，如帝企鹅可以在海面下800米深的地方觅食。

全世界的鸟类中，有超过一半是雀形目鸟类：这类鸟通常也被称为“鸣禽”，在英文中有时候被叫作“栖禽”（perching birds）。它们脚趾的排列方式是3个朝前，1个朝后，这样它们就方便抓紧树枝和其他栖站的地方。雀形目鸟的雏鸟刚孵化出来是没有羽毛的，眼睛也还没有睁开，它们的父母——有些物种只是一方，有些是父母双方——将全身心投入喂养和保护它们，直到它们羽翼丰满并学会飞翔。雏鸟离开巢就被称为“出飞”。其他一些鸟类的雏鸟，例如那些在海边生活的鸟或水鸟，它们出壳时就已经带着一身蓬松的绒羽，并且在孵化几个小时后就有行走的能力。

人们用“笨鸟”这个词来形容一个人不太聪明。但其实很多种鸟的智商会令人印象深刻。有一些鸟，比如琴鸟，拥有十分出色的模仿声音的能力；还有一些鸟，比如亭鸟、园丁鸟和织雀（俗称织布鸟）会建造复杂的“装饰建筑”或鸟巢。而鸟类中最为聪明的是鸦科鸟类（乌鸦、渡鸦和噪鸦）和各种鹦鹉。这些聪明的鸟拥有出色的记忆力、规划能力和解谜能力——它们的智力甚至可以和7岁儿童的平均智力相当。

非洲鸵鸟

翅膀和羽毛

并不是所有的鸟都能飞，但它们都拥有翅膀和羽毛。

硬壳卵

所有的鸟的生命都是从硬壳卵中开始的，它们需要破壳而出。

冠蓝鸦

适合栖站的脚趾

很多鸟拥有脚趾，这样它们可以抓紧树枝。

鸟类的早餐

下面是一些鸟和它们的食物。试试将这些鸟与它最喜欢的食物用线相连。

雕

鸽子

啄木鸟

鹭

鱼

昆虫

种子

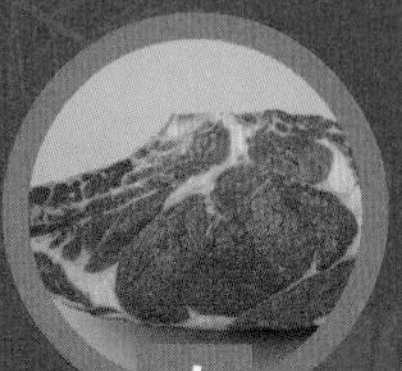

肉

答案：雕——肉；鸽子——种子；啄木鸟——昆虫；鹭——鱼。

嘴喙
喙的形状和大小与这种鸟的食物及如何取食有关。
雕

蜂鸟
轻盈的结构
鸟类骨骼中间有很多微小的空腔，这样它们的身体就很轻盈。

鸭类
温血
无论是在陆地上、冰水里，还是高空中，鸟类都能够保持合适的体温。

填空题

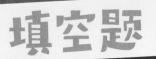

将黄色方块中的词填到横线上，记住10个鸟类的知识。

1. 鸟类是______，这意味着它们有着相对恒定的体温。
2. 所有的鸟类都是从有着坚硬外壳的______中______的。
3. 鸟类是动物中唯一一类有______的。
4. 全世界的鸟类中，超过一半属于______，这类鸟也被称作______，或“栖禽”。
5. 现今地球上生活的每一种鸟都和______有着密切的亲缘关系。
6. 鸟类有着十分______的骨骼，这样有助于飞行。
7. 幼鸟第一次从巢中飞出，离开自己出生的巢被叫作______。
8. 羽毛不只有飞行的功能，还能够用于保持鸟类______和______。
9. 有少数鸟完全不会飞，比如______和______。
10. 鸟类______的形状和这种鸟的食物及如何取食有关。

温血动物　孵化　鸣禽　轻盈　喙　雀形目　温暖　恐龙　干燥　羽毛　企鹅　鸸鹋　出飞　卵

答案：温血动物；卵，孵化；羽毛；雀形目，鸣禽；恐龙；轻盈；出飞；温暖，干燥；企鹅，鸸鹋；喙。

呱呱！两栖动物

两栖动物已经存在了4亿年左右，它们是有史以来地球上最早出现的四足动物，顾名思义，它们拥有四肢（但蚓螈类的四肢在演化中消失了）。它们由鱼演化而来，经过许多代微小变化的积累，鱼鳍演化成了腿。现今这个类群包含了蛙和蟾蜍、蝾螈和鲵，以及蚓螈这3类，共包括8000多个物种。最小的两栖动物是一种体长不到1厘米的蛙，而最大的两栖动物是中国大鲵，体长可以超过1.8米。

两栖动物是一类很奇怪的动物。有一些两栖动物看起来像是爬行动物，但它们属于完全不同的类群，有着迥异的生活史。和爬行动物一样，它们也是冷血动物，但它们的皮肤光滑，没有鳞片。所有两栖动物的共同之处是需要生活在一个潮湿或至少湿润的环境。有些两栖动物终其一生都在水中度过，而有些两栖动物需要到池塘或溪流中去产下果冻样的卵。绝大多数的两栖动物的生命开始于水中，一开始用鳃呼吸，然后长出肺和腿，做好到陆地上生活的准备。这种变化被称作“变态”，如果你观察过蝌蚪变成蛙，就能了解这一过程了。

完成变态的两栖动物成体是食肉的。它们通常以昆虫和其他小型无脊椎动物为食，例如蛞蝓、蚯蚓，常见的捕食方式是扑捉或伸出长长的具有黏性的舌头。体型较大的两栖动物有时也会捕食像小鼠这样的小型哺乳动物。蛙类会整吞猎物，它们会非常努力地眨眼，用眼球把食物压下去。两栖动物十分适应半水生的生活方式，它们甚至不用张嘴就能够喝水。不需要像其他动物那样啜饮或舔舐饮水，两栖动物能够直接通过皮肤来吸收水分。它们的皮肤也能呼吸空气，而薄薄的皮肤也意味着两栖动物不能长时间待在阳光下或远离水的地方，这样皮肤会变干。也因为如此，两栖动物对环境污染和栖息地的变化非常敏感，许多物种已经濒临灭绝。

关于两栖动物

虽然有很多看上去完全不同的物种，但它们都有一些奇特的特征。

真螈

半水生的生活方式

对所有的两栖动物来说，它们一生中至少前半部分都是在水中生活的，大多数两栖动物会在池塘和溪流中产卵。

鱼螈

薄薄的皮肤

两栖动物能够通过它们薄薄的、湿润的皮肤吸收空气和水分到体内。

缺少四肢

以鱼螈为代表的蚓螈类是一类长得像蚯蚓的穴居两栖动物，它们的四肢在演化中消失了。

大蟾蜍

冷血动物

两栖动物无法调节自身的体温，如果太冷就会移动到阳光下，如果太热就回到阴凉处。

如何发音两栖动物的英文AMPHIBIAN

两栖动物的英文Amphibian的发音是am-fi（像fish里的fi）-been-un，其中“fi”发重音。

帮小青蛙抓苍蝇

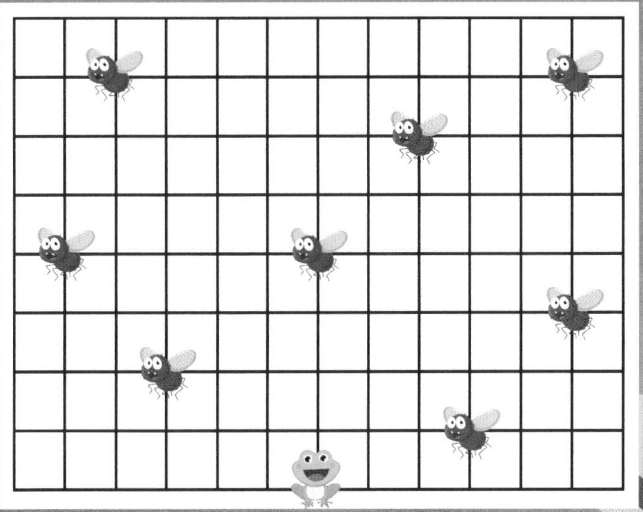

完成加减法，帮助这只小青蛙抓住所有的苍蝇，这是它的晚餐。哪一只苍蝇是小青蛙最后抓住的？

1. 向上移4−3=
2. 向右移3+2=
3. 向上移10−7=
4. 向左移1+4=
5. 向上移9−7=
6. 向右移0+5=
7. 向上移9−8=
8. 向左移3+7=
9. 向下移7−2=
10. 向右移8−6=

两栖动物酷知识

美洲林蛙在冬天时身体会结冰，到了春天冰会融化，身体复苏。

蝾螈的四肢、尾巴和颌部如果受伤了，都可以再生。

洞螈是一种眼睛退化的蝾螈，它们生活在洞穴之中，10年完全不吃东西也能存活下来。

鱼螈面部有微小的触须，能够感知猎物。

金色叶毒蛙只有5厘米长，但它们能产生足以毒死10个人的剧毒毒液。

红眼蛙

警戒色

一些两栖动物拥有警戒色，提醒捕食者它们是有毒的或味道很糟糕。

墨西哥钝口螈

便利的脚

长时间生活在水中的两栖动物的脚趾间通常有蹼，而偏好生活在树上的两栖动物则拥有吸附性的脚趾，利于攀爬。

冷血生命：爬行动物

如果你见到一只动物有着干燥的、带鳞片的皮肤，那你就发现了一只爬行动物。这个类群拥有超过10 000个物种，包括了蛇、蜥蜴、鳄鱼［包括鼍（tuó）］，以及龟类。地球上除南极洲外的大洲都能见到爬行动物。爬行动物身上都有鳞片，也都呼吸空气，并且还都是冷血动物。

身为冷血动物，它们无法用出汗或身体发抖的方式来调节体温，而是必须通过晒太阳来保持身体足够温暖，以保持健康和活跃。一些爬行动物终其一生都生活在陆地上，但也有一些爬行动物，比如龟、鳄鱼和某些蛇类也是游泳健将。

我们所知最早的爬行动物生活在3亿多年前。它们一度成为地球上的霸主，包括恐龙、翼龙和蛇颈龙。爬行动物曾经统治地球数百万年，直到一次大规模灭绝事件使它们中的大多数消亡。现代鳄鱼的祖先曾与恐龙生活在同一时期，化石显示，2亿年来它们的样子没有发生很大改变。所有现生的爬行动物都源自它们长有四肢的祖先，但是像蛇和蛇蜥这样的类群已经在演化的历史长河中失去了四肢。

大多数爬行动物产硬壳的卵或革质外壳的卵。少数物种，如蝮蛇和石龙子直接产下幼体[1]。但无论如何，当它们出生到这个世界时，外观就已经和父母看起来差不多了，只是个头很小。刚出生的爬行动物几乎马上就会活动，而且大多数要自己独立生存，只有很少数爬行动物会留下来照顾后代。爬行动物的食性非常多样，大多数物种以肉为食，如以鱼、昆虫和哺乳动物为食，但也有一些以果实和卵为食。陆龟——终生生活在陆地上的龟类几乎完全以植物为食。

鳞片和尾巴

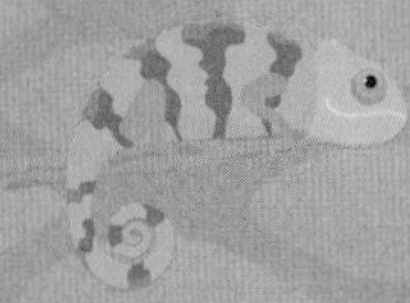

看看爬行动物都拥有哪些共同特征？

鳄鱼

产卵

绝大多数爬行动物通过产卵繁殖，它们将一窝卵产在窝中或埋在地下。

科摩多巨蜥

干燥的皮肤

爬行动物身体覆盖着干燥的、长有鳞片的皮肤，有一些物种拥有被称为“壳”或“盾片”的保护性骨板。

多样的类群

不同类型的爬行动物的外观、食性和生活方式有着很大的差异。

避役（俗称“变色龙”）

在这两页中你能够找到几种藏身在图文间的爬行动物？

答案：6种。

1. 译者注：这叫作卵胎生。

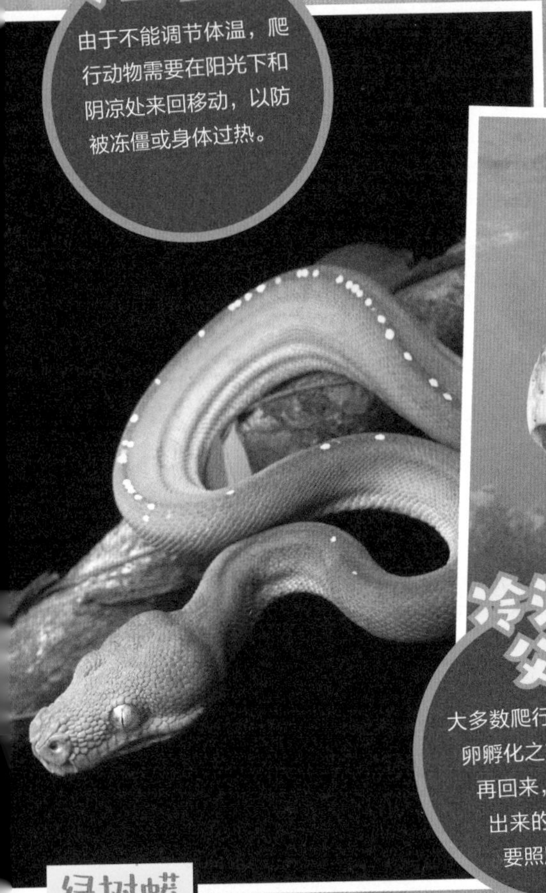

冷血生命

由于不能调节体温，爬行动物需要在阳光下和阴凉处来回移动，以防被冻僵或身体过热。

绿树蟒

呼吸空气

所有的爬行动物都要呼吸空气，包括那些生活在水下的。海龟能够屏住呼吸长达几个小时。

冷漠的父母

大多数爬行动物的父母在卵孵化之前就离开巢不再回来，所以刚孵化出来的小宝宝必须要照顾好自己。

海龟

了解爬行动物酷知识

爬行动物VS.两栖动物

很难区分爬行动物和两栖动物？试着查找一些资料，看看两者间的主要区别。

慢动作的变色龙

变色龙以其能够改变身体的颜色而知名。看看它们的舌头的动作有多神奇！

斗篷蜥（也叫“褶伞蜥”）逃离蟒蛇

爬行动物有时候会捕食其他爬行动物。看看斗篷蜥如何迅速逃离一只饥饿的蟒蛇。

拼图游戏

将数字填到下面拼图块旁的空格里，将它们拼成一张霸王龙的图片。看看哪一块多出来了？

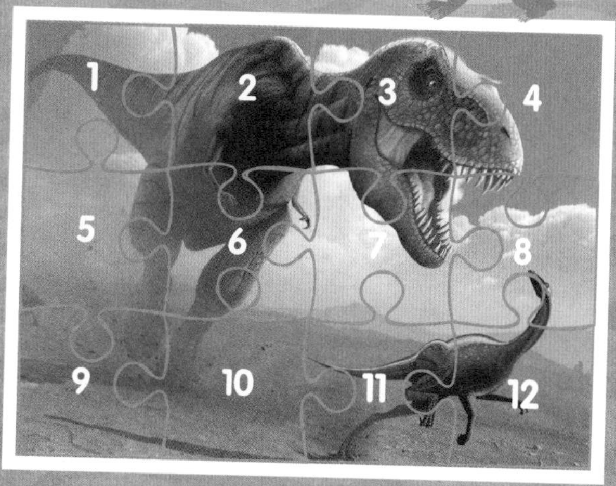

游泳健将：鱼

从海洋深处到平缓的溪流，地球上的大型水体大都是鱼的家园。鱼包括32 000个不同的物种，是迄今为止最大的脊椎动物类群。由于我们只探索了海洋的一小部分，所以鱼的物种数量可能还远不止如此。最早的鱼生活在5亿多年前，所以它们有足够的时间来演化和分化成不同的物种。尽管鱼的体型小到不足1厘米，大到鲸鲨这样长达15米，它们有各式各样的颜色和外形，但所有的鱼都有一些共同特征。一种动物要被归为鱼的话，必须拥有内骨骼，并且终其一生生活在水中，用鳃呼吸，还有鱼鳍——这是它们的肢体。大部分的鱼是冷血动物，但也有少数物种——比如金枪鱼和剑鱼——能够调节体温。

除了这些共同的特征外，鱼的多样性也多到令人难以置信。多数鱼拥有鳞片，也有一些鱼有着光滑的皮肤。它们可以生活在从海床到紧邻水面的各种深度。有些鱼离不开淡水环境，有些鱼要在咸水中生活，还有一些鱼可以在这两者间往返。有的鱼游得飞快，是身体呈流线型的游泳高手，也有的鱼只是随波逐流。有的鱼成群结队组成鱼群，也有的鱼独来独往。多数鱼的幼鱼是从卵中孵化的，也有的鱼是直接由大鱼生出来的[2]，就像哺乳动物那样。鱼类的食性多样，捕食方式也多样，有些鱼是凶猛的掠食者，有些鱼则潜伏捕食，它们与海床融为一体，躲在那里等待食物经过。很多鱼还有着超凡的能力，包括分泌防御性的黏液、侦测环境，甚至发电。

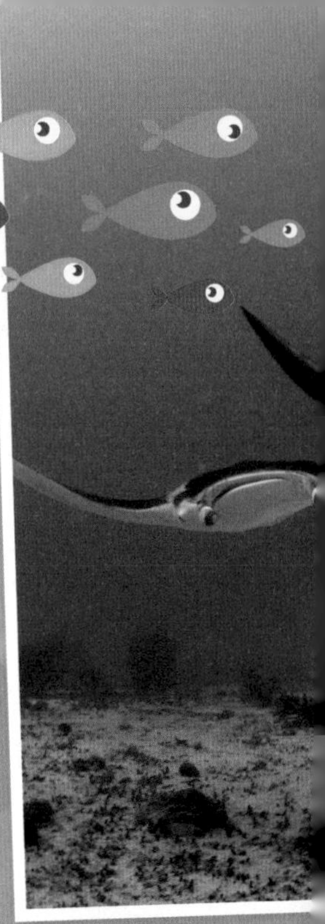

光泽连鳍鲻

身着鳞片

并不是所有的鱼身体都覆盖着闪亮的鳞片，但大多数鱼拥有鱼鳞，鳞片能够保护鱼或让它们隐藏在环境中。

大麻哈鱼

终生有鳃

所有的鱼都用鳃呼吸，从水中获得氧气。

鲸鲨

形形色色

依据生活环境和生活方式的不同，有的鱼很小，有的鱼巨大，有的鱼暗淡平凡，有的鱼多彩绚烂。

你知道吗？

鲨鱼是鱼！不是哺乳动物！

虽然它们的体型和外观与鲸和海豚这样的哺乳动物相似，但鲨鱼属于鱼。它们是鳐鱼和蝠鲼的近亲。

---

2. 译者注：这叫作卵胎生。

前口蝠鲼

社会生活

有些鱼与群体一起生活，和鱼群一起游来游去，也有些鱼会保护它们的繁殖场所，还有些鱼会返回它们的繁殖地。

海马

以鳍为肢

鱼使用鱼鳍在水中游泳和掌舵。

迷宫

帮助这条小鱼找到走出珊瑚迷宫的路线。看看你花了多长时间帮它走出迷宫？

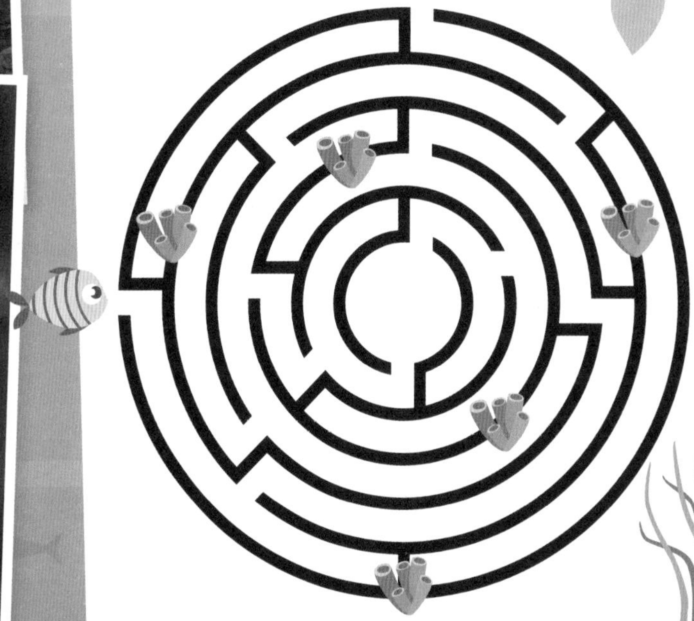

点点连线

将这些点按照数字顺序相连，你就可以得到一条鲸鲨。

动物生活在哪里

世界各地的环境条件天差地别。有些地方如火炉般酷热，有些地方似冰冻般严寒。有些地方雨量巨大，乃至洪水泛滥，而有些地方几个月都见不到一滴降水。有些地方气候和气温几乎全年不变，也有一些地方季节流转，天气和气温也随之变化。而这些因素都会影响到当地的植物和动物。

地球上的生命是极其复杂的，所以将事物分门别类可以让我们更容易理解和讲述。我们可以将具有类似气候、地貌和野生动物的地方分到被称为“生物群系”的区域。有多种不同的分类方法，但最常见的方法之一是将地球划分为5个主要的生物群系：荒漠、冻原、草原（也叫草地）、森林和水生。这些生物群系又可以根据更为具体的各种条件被细分为更小的单元，在下面的内容中你就能了解到。

每一个生物群系都是独特的，并且都呈现出机遇与挑战的一体两面，经过许多世代，数百万年的时间，环境影响并塑造了生活在其中的动物“居民”的外观、生活方式、行为和生活史。从动物的耳朵形状到它的生活方式（独居或群居）都是为了让它在那个特定的栖息环境中获得最好的生存机会而演化出来的。这就是为什么北极熊有厚厚的皮毛和巨大的脚掌，为什么南极鱼的血液不会结冰，为什么乌贼可以让它们的皮肤变得与珊瑚无法区分。

当然，有些动物可以在多个不同的生物群系中生存，比如赤狐、大鼠和鸽子，它们拥有非凡的适应能力，能够改变自己的行为去适应生活环境，但即使是这样的动物，在温度和水这些环境因素面前，它们的适应能力也是有限的。比起其他动物，人类能生活在更多不同的环境中，是因为我们有各种各样的衣物和庇护空间，科学技术能够帮助我们适应更多的环境。没有这些帮助，我们也会像其他物种那样，在生存空间上受到各种限制。

荒漠

冷、热还是合适？

热

平均温度：

在炎热的荒漠，白天的平均温度约为38℃

年平均降水：

不超过25厘米

环境什么样？

- 白天炎热，夜晚寒冷
- 没有树
- 植物稀疏低矮
- 地面被沙子和岩石覆盖
- 缺水

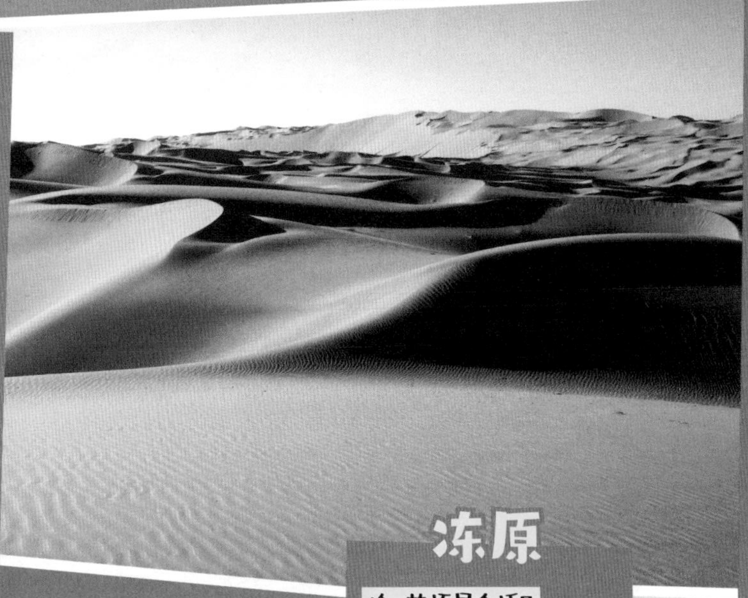

草原（也叫草地）

冷、热还是合适？

合适

平均温度：

0~30℃，平均温度根据所处的位置和季节而不同

年平均降水：

50~130厘米

环境什么样？

- 地面被禾草和其他草本植物覆盖
- 树木稀少
- 经常发生火灾
- 食草动物丰富
- 根据所处的位置不同，每年有2~4个不同季节

冻原

冷、热还是合适？

寒冷

平均温度：

冬季：-34℃，夏季：12℃

年平均降水：

25厘米

环境什么样？

- 冬季冰天雪地，夏季气候温和
- 没有水、树
- 多岩石，有时候冰雪覆盖地面
- 风力很强
- 夏季是沼泽湿地

纵横填字谜

下面是一些生活在地球上较为寒冷的气候条件下的动物。你能把它们的英文填入纵横表格中吗？剩下来的那个动物就是和其他动物生活在不同环境的。

POLAR BEAR（北极熊）
ARCTIC FOX（北极狐）
LEMMING（旅鼠）
PENGUIN（企鹅）
SNOWY OWL（雪鸮）
KOALA（树袋熊）

森林

冷、热还是合适？

合适

平均温度：

温带森林大约10℃，热带森林大约24℃

年平均降水：

温带森林75~150厘米，热带森林200~500厘米

环境什么样？

- 树木覆盖大地
- 立体分层，提供了更多的栖息环境
- 有极为丰富多样的植物和动物物种
- 降水丰富
- 有些森林树木全年常绿，有些森林树木会根据季节变化而变换色彩

水生

冷、热还是合适？

根据所处的位置和深度而不同

平均温度：

根据所处的位置和深度而不同

年平均降水：

有些区域年平均降水超过250厘米

环境什么样？

- 咸水、淡水或咸淡水混合
- 有些水体是流动的，有些水体是静止的
- 可以划分成不同的深度层次
- 靠近水面拥有光线，深处幽暗无光

试一试！

与你的家人和朋友讨论一下：你们认为人类在地球上什么地方生活得最舒适？你会去这些地方吗？为什么？

水里的动物们

水覆盖了我们地球表面积的3/4以上。水生生物群系是地球上最大的生物群系。从浑浊的沼泽到海洋的深处，再到清澈的山间溪流，地球上绝大多数水体是某种动物的家园。事实上，水生生物群系也是地球所有生物群系中生物多样性最高的一个。全世界所有的鱼都生活在水生生物群系中，水生生物群系中还有水生哺乳动物、两栖动物、一些爬行动物和大量的无脊椎动物。陆生的无脊椎动物的类型已经十分多样，但在水下，它们的多样性更是极度丰富，从小小的水生甲虫到巨大的乌贼，从优雅的水母到静止不动的珊瑚。虽然没有鸟类在水下生活，但很多鸟类会涉水、凫水和潜水，在水生环境中觅食。

因为水生环境是如此广阔，所以环境条件差异巨大。水生生物群系通常包括了两个大的类型：淡水和咸水。淡水生生物群系包括像湖泊、河流、溪流和池塘这样的不同的生境，而海洋生境则是咸水环境。还有一些例如海滨、湖滨、潮间带，以及河流的入海口这样的中间类型。其中潮间带是指当潮水退去海岸露出，而当涨潮时则被淹没的部分；河流的入海口也形成了一种独特的介于咸水和淡水之间的水环境类型——半咸水环境。

每一种生境都有着不同的植物和动物，它们也各自有着独特的生存方式。在海浪之下生活的动物们通常也会和它们的水生邻居碰面，那些冒险到浅水或水面的动物们会和它们所生活的水体旁边的陆地生物群落产生互动。想象一下，熊会捕捉那些在森林溪流中逆流而上的大麻哈鱼，或鳄鱼会偷袭到河边喝水的羚羊。

下面哪张照片展示了海洋生境？

A

B

C

D

答案：C。

下面哪张照片展示了高山溪流生境？

A

B

C

D

答案：A。

下面哪张照片展示了森林沼泽生境？

答案：D。

格格不入

下面的这些动物中，大多是你在这个章节中会遇到的。它们要么生活在海洋中，要么生活在河流里。但有一个动物是例外的，试一试找出这个格格不入的家伙。

鲸
海豹
猫
海马
海豚
金枪鱼

答案：猫。

下面哪张照片展示了潮间带生境？

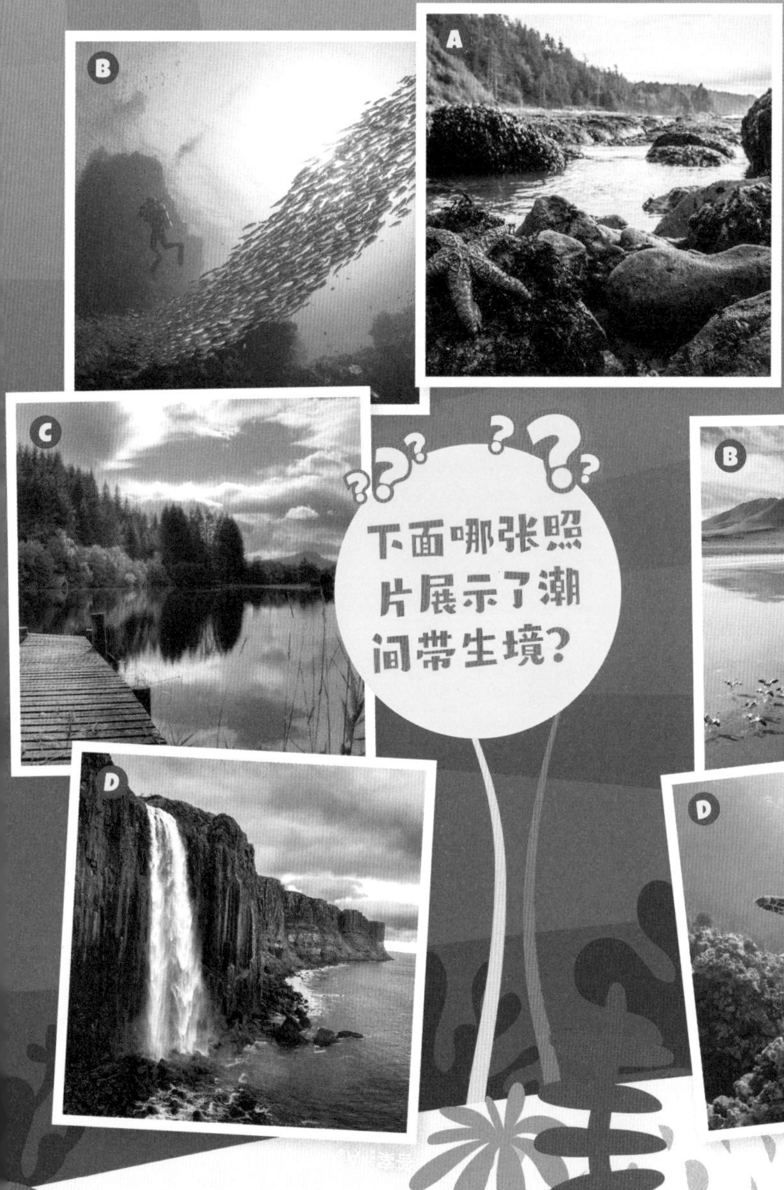

下面哪张照片展示了湖泊生境？

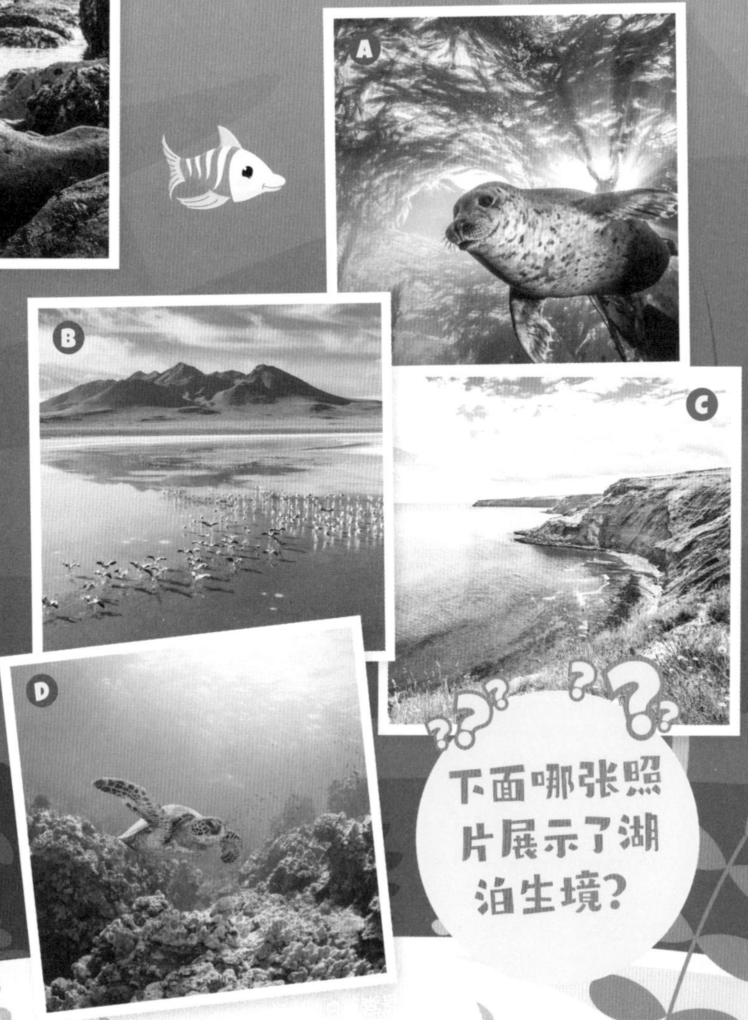

海洋中的动物

海洋生物群系当之无愧为最大的、多样性最高的生物群系（同时也是水生生物群系里生物多样性最高的），全世界海洋的咸水环境中到处是怪异和奇妙的生物，与陆地环境中的生物完全不同。海洋环境中的动物，有小到你要用显微镜才能看到的浮游动物，也有大到有3辆公共汽车连起来那么长的蓝鲸。海洋中的环境条件和其水域中生活的动物同样丰富多样。热带国家的沿岸区域，浅海水体在明亮的阳光照耀下，通透而温暖。在南北两极，海水极其寒冷，还有一部分被冰层所覆盖。但无论你在世界上的哪片海域，越往海洋深处走，就越寒冷和黑暗。在这些深海的水域可能还有很多物种尚未被人类发现——专家们估计，大约有80%的海洋环境是未被人类探索的。海洋环境有着令人惊讶的复杂性，但也面临着被气候变化和人类活动破坏的风险。

生活在海洋中不同区域的动物“居民”也各自面临着不同的挑战。深海动物需要能够在黑暗中生存，并避免被水的压力压垮。浅海区的生物必须想办法避免被潜入水中的海鸟捕食。所有的海洋动物都有获得氧气的方式。大部分海洋动物可以直接在水中呼吸，也有一些海洋哺乳动物需要浮到水面上呼吸空气。

不是所有的海洋动物都能在水中游弋。其中多数海洋动物是会游泳的，比如鱼、海龟和鲸。除了游泳，还有很多种在水中移动的其他方式。乌贼通过将水喷出体外来推动自己行进，鳐鱼和蝠鲼像翱翔的鸟儿一样在水中“滑翔”，海蛇摆动身体，水母有节奏地律动，大多数的螃蟹和海星在水下行走，浮游生物则随波漂流。但有些动物根本就不移动，珊瑚、海葵和海绵终其一生都待在一个地方。

姥鲨

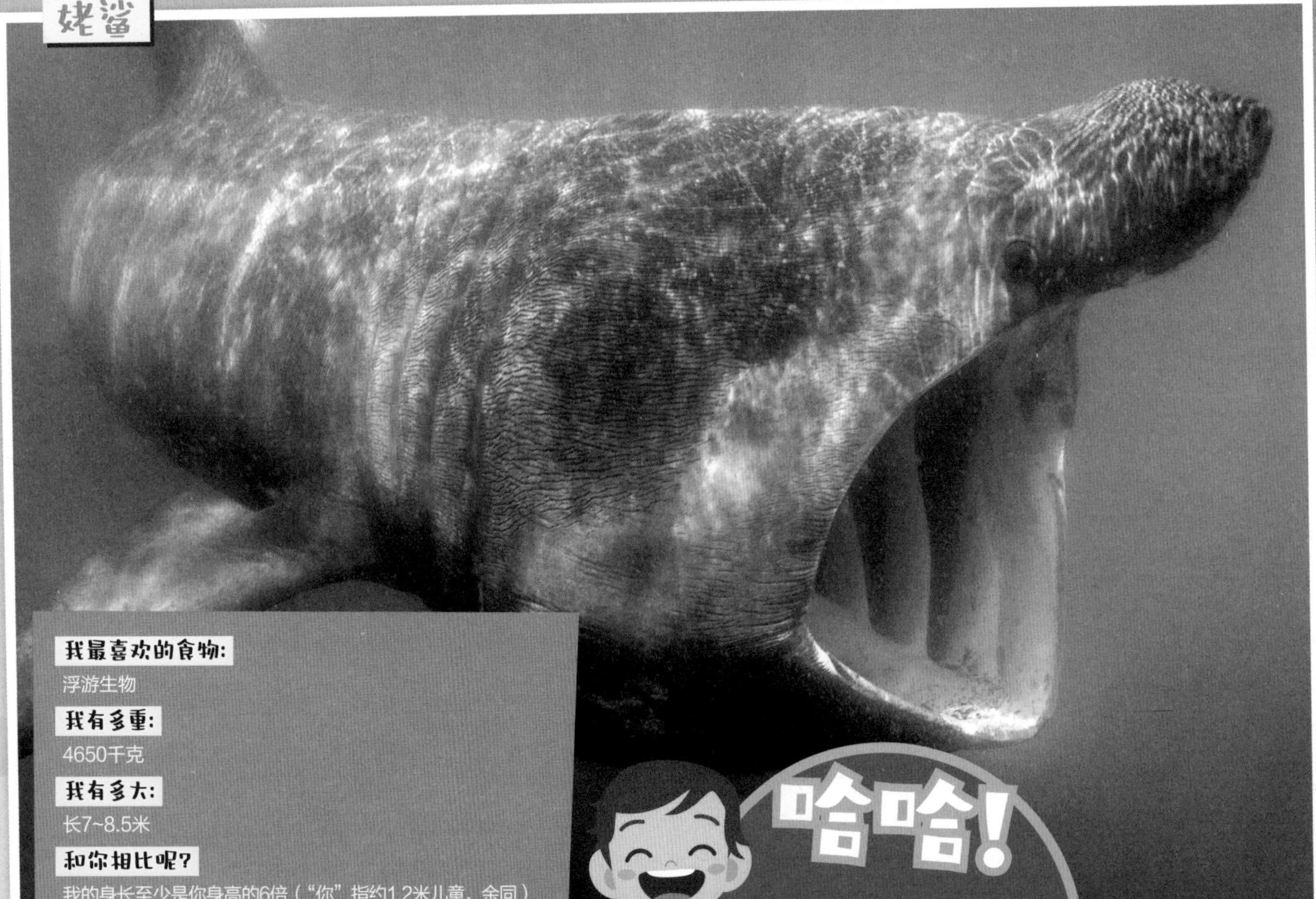

我最喜欢的食物：

浮游生物

我有多重：

4650千克

我有多大：

长7~8.5米

和你相比呢？

我的身长至少是你身高的6倍（“你”指约1.2米儿童，余同）

我生活的海洋区域：

世界各地的温带海洋

我是世界上第二大的鱼，不要被我的长相吓到——作为一条鲨鱼，我非常平和安静，对人类一点儿威胁都没有。我一边游泳，一边用我那巨大的嘴吞入并滤食甲壳类和微小的浮游动物。

哈哈！

海豹和海狮可是非常顽皮的。你也来和朋友们一起编一些关于海洋动物的笑话吧，看看哪个笑话最有趣！

全世界的海洋

海洋构成了地球表面很大的一部分。地球上有五大洋：北冰洋、大西洋、太平洋、印度洋、南大洋。

我最喜欢的食物：
鱼、海洋哺乳动物、海鸟
我有多重：
雄性超过6100千克，雌性3050~4000千克
我有多大：
雄性长6~8米，雌性长5~7米
和你相比呢？
我的身长是你身高的5倍
我生活的海洋区域：
海洋的各个区域都有分布

我是海豚科中个子最大的一种，也是海洋中的顶级掠食者之一。我们成群合作捕食，会捕食鱼，会跳起来吃海鸟，会掀起波浪把海豹和企鹅从浮冰上冲下来。当我追逐猎物时，能够以大约56千米每小时的速度游泳。

虎鲸
（也叫逆戟鲸）

猜一猜

看看你对海洋了解多少？

最大的海洋动物是哪一种？
A. 大白鲨
B. 蓝鲸
C. 大翅鲸

以下哪个大洋最寒冷？
A. 太平洋
B. 北冰洋
C. 印度洋

蟹属于以下哪一类动物？
A. 甲壳动物
B. 软体动物
C. 头足动物

世界上哪个大洋面积最大？
A. 南大洋
B. 大西洋
C. 太平洋

粗略估计人类大概探索了多少海洋区域？
A. 80%
B. 20%
C. 40%

姥鲨以什么为食？
A. 浮游生物
B. 鱼
C. 企鹅

答案：B；B；A；C；B；A。

斑点豹纹蛸（俗称“小蓝环章鱼”）

我最喜欢的食物：
虾和蟹等小型甲壳动物

我有多重：
10~100克

我有多大：
连我的腕足在内有12~20厘米长

和你相比呢？
大概像你的手掌那么大

我生活的海洋区域：
印度洋和太平洋的珊瑚礁

我是会变色的章鱼，当我感觉到威胁时，就会变成橘黄色，还闪烁着蓝色的环状斑纹。如果炫目的表演不能阻止攻击者，我就会咬它们，并注入毒液。

挑战一下

冰冻海洋动物大拯救

需要的实验物品

- 小型塑料海洋动物玩具
- 塑料水生植物玩具
- 大碗
- 水
- 食用色素
- 盐
- 小碗
- 一个可以喷水的瓶子，比如一个洗洁精的瓶子
- 大托盘或盆
- 塑料餐具
- 夹子

实验步骤

1 **冰冻时间**
把一些塑料动物玩具倒在大碗中，然后加入足够的水，盖过它们，再将大碗放进冰箱冷冻室。

2 **再加几层**
逐渐增加更多的动物、植物和水，每加一层都要先冷冻，然后再加下一层。

3 **准备时间**
在等待水结冰的时候，把几勺盐放到一个小碗里，滴入几滴食用色素，进行搅拌。食用色素不是必需的，如果没有也不用担心。

4 **取出冰块**
当大碗装满了动物和水，并且所有的水都结冰了，把碗翻过，将冰倒出，放到托盘或盆的中间。

5 **融化时间**
将喷水瓶装上水，如果你乐意也可以加一些食用色素，然后将水喷到冰块上，再把盐也撒到冰块上，尝试使其融化。观察使用的水和盐的量的变化及先后使用的顺序会带来什么不同？

6 **拯救任务**
一旦动物周围的冰开始融化，就用塑料餐具和夹子把它们从冰里救出来吧！

蓝灰扁尾海蛇

我最喜欢的食物：
鳗鱼和其他鱼

我有多重：
雄性0.6千克，雌性要重很多，可以达到1.8千克

我有多大：
雄性长86厘米，雌性长1.42米

和你相比呢？
雌性可能比你的身高还要长

我生活的海洋区域：
印度洋和太平洋

我有一半时间是在水中度过的，所以我是半水生动物。我的尾巴末端的形状像是一支桨，有利于我游泳，我在水中的速度比在陆地上快得多。我的斑纹让大家都知道我是拥有剧毒的。

蝉形齿指虾蛄（俗称“雀尾螳螂虾”）

我最喜欢的食物：
海螺、蟹和蛤等带有硬壳的无脊椎动物

我有多重：
12~90克

我有多大：
长3~18厘米

和你相比呢？
我能趴你手上

我生活的海洋区域：
印度洋和太平洋的海底

如果我的颜色还不够让你印象深刻，那请记住我还是一名拳击冠军。我可以用像球棒一样的前足快速出拳，出拳加速度就像子弹一样，比任何动物的出拳都要快。我的拳头特别有力，可以轻松击碎猎物的硬壳。

海洋大扫除

仔细观察图片，将其中不该出现的物品圈出来，和朋友讨论一下，它们为什么不应该出现在海洋里。

水花四溅！淡水中的动物

如果在溪流、池塘、湖泊或河流边多坐一会儿，你就能看到生命的迹象。也许是昆虫在水面上飞舞，或是蝌蚪在浅水中游动，又或是鱼儿进食的涟漪。淡水生物群系由所有盐度（含盐量）很低的水体组成。淡水储量只占全球总水量的3%左右，但在大多数其他生物群系中都能找到淡水环境。淡水环境是许多鱼、两栖动物、爬行动物、无脊椎动物，还有一些半水生的哺乳动物的家园。大约有40%的鱼类物种会出现在淡水中，它们往往不像海洋鱼那样色彩鲜艳，但也有一些物种外表华丽。有些淡水鱼也能够生活在咸水中，或迁徙到海洋中，但大多数无法适应盐度较高的环境。

淡水生态系统可以分成3个主要的类型：溪流和河流、池塘和湖泊，以及水草沼泽、泥炭沼泽和森林沼泽这样的湿地。湖泊、池塘和湿地中的水是静止的，或说是“静水”。而涓涓的溪流和滚滚的河流中的水是流动的，也就是“流水”。水是否流动对很多环境因素都有影响，比如水中含有多少氧气，周边及水中哪些植物可以生长，动物保持卵的安全的难易程度等。

在池塘和湖泊中，不同的动物生活的区域是不同的。有些紧紧沿着边缘生活，有些则偏好生活在中间区域，还有一些喜欢潜伏在水体底部。淡水环境中的动物经常与它们水域周围的陆地生物群落的动物“居民”发生联系。动物们到水里喝水、清洗、游泳和纳凉。以植物为食的水鸟在水面上凫水，也会潜入水中觅食各种草。熊和涉禽等陆生动物也会在水中捕食。

我最喜欢的食物：
鱼

我有多重：
5~14千克

我有多大：
不把我的尾巴算进去的话，长60~107厘米

和你相比呢？
我的头抬起来到你的小腿那么高

我生活的淡水区域：
北美的河流、湖泊、水草沼泽

当潜入水下寻找鱼、淡水螯虾或其他美食时，我能够关闭我的鼻孔和耳朵，这样它们就不会进水了。我是水下的杂技演员，能够用我的手掌、脚掌和强壮的尾巴扭来扭去，一圈圈翻转。在陆地上，我会奔跑、跳跃，也能肚子贴着地面滑行。

北美水獭

喜爱水的昆虫们

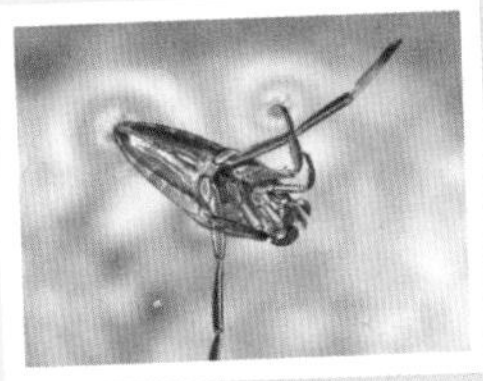

仰泳蝽

我虫如其名，在水里时是仰泳的，我用长长的腿划动水使我前进。

蜻蜓

世界上约有3000种蜻蜓。在长出翅膀之前，我们是生活在水下的。

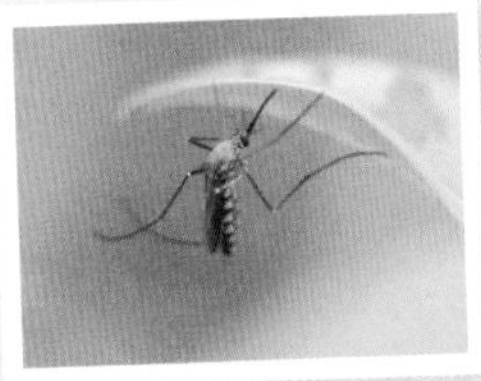

蚊子

我们在静水中产卵。有一些蚊子的雌性会通过叮咬人类和其他动物来吸血。

蜉蝣

我们的稚虫（幼体）在清澈的淡水中捕食。春季到秋季这段时间，我们会从水中出来变成有翅膀的成虫。

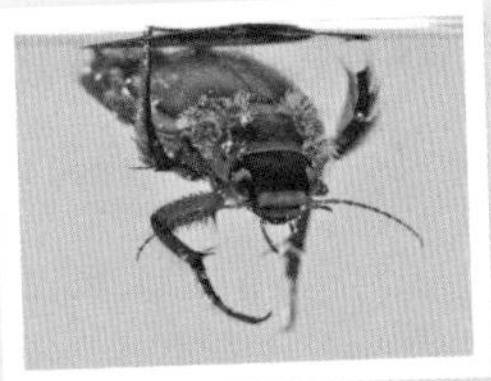

龙虱

大约有4000种龙虱会在淡水中潜水捕食。绝大多数的淡水生境中能找到我们。

水蛛

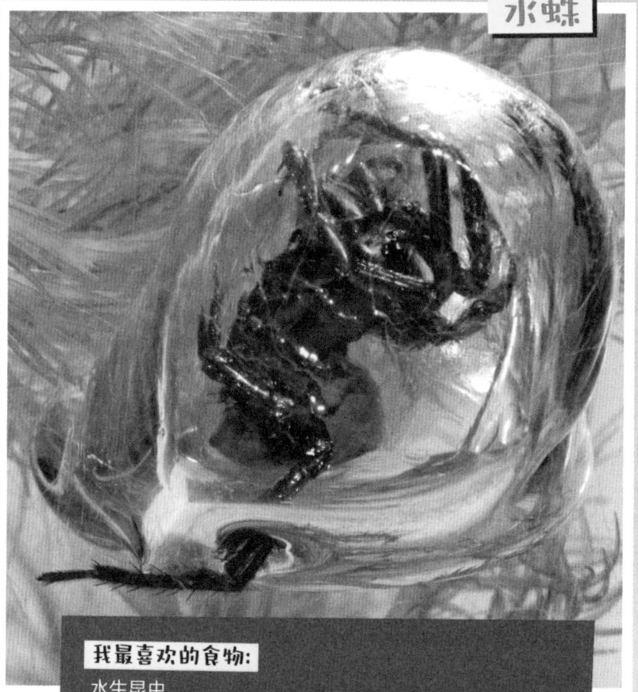

我最喜欢的食物：
水生昆虫

我有多重：
几乎称不出来重量

我有多大：
长0.8~1.5厘米

和你相比呢？
不比你的小指指尖大

我生活的淡水区域：
欧洲大陆和亚洲北部

没错，我是一只水生蜘蛛，也是地球上唯一一种终生生活在水中的蜘蛛。我在水下捕猎、交配和休息，偶尔会浮出水面。我身上密密的毛会携带空气，在我潜入水中时会产生气泡，我就利用这些气泡在我的水下的蛛网上制作一袋空气，这样我就能够呼吸啦！

填颜色

在下面的空白处为淡水动物涂上颜色吧！你知道它是什么动物吗？

光滑爪蟾

我最喜欢的食物：
我能找到的任何猎物，无论是死是活

我有多重：
雄性60克，雌性200克

我有多大：
雄性长5~6厘米，雌性长10~12厘米

和你相比呢？
我能趴在你手上

我生活的淡水区域：
撒哈拉以南的非洲

我的爪子可不仅仅是为了好看，我用它们来撕碎猎物，抓挠捕食者，因为我没有其他蛙类那样的舌头，所以还能用爪子把食物推到我嘴中。我有一些很令人反感的习惯，比如蜕皮时会吃掉自己的皮。

水黾迷宫

解开迷宫，帮助这只小水黾找到穿过池塘的路。

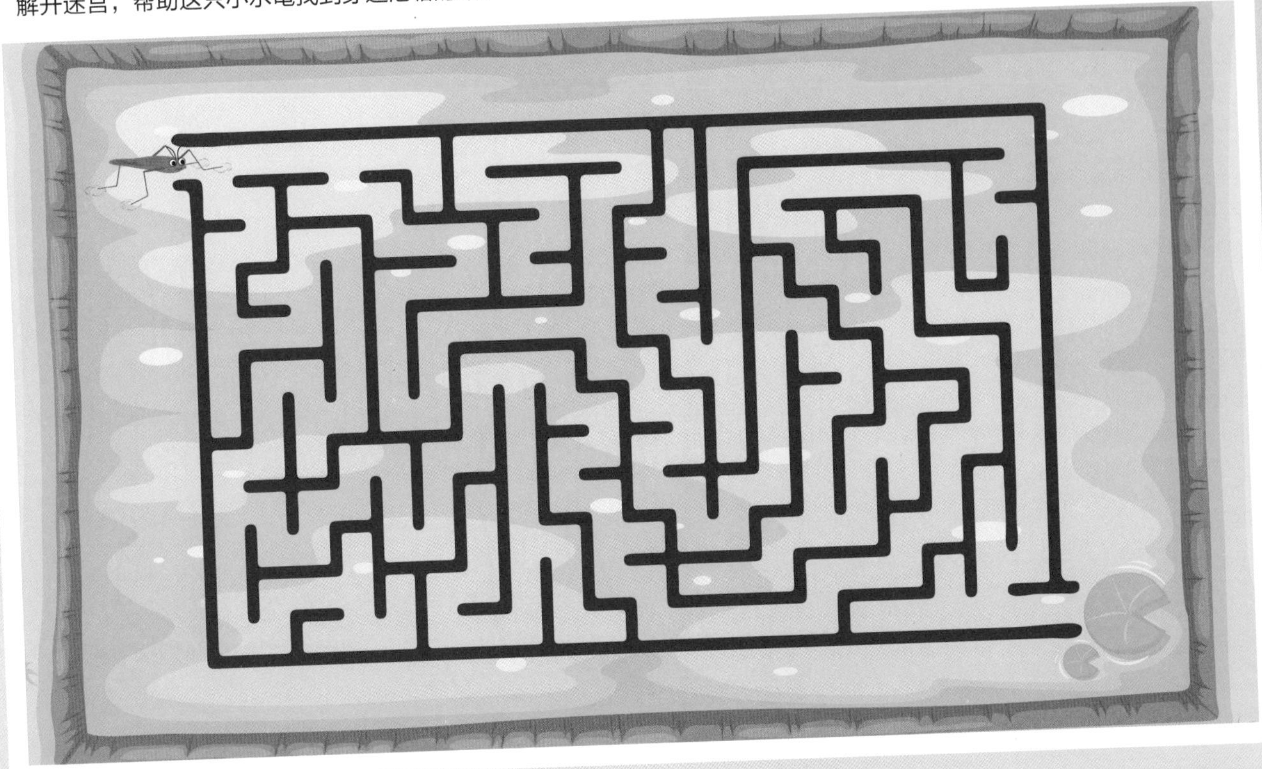

黄棕盘丽鱼

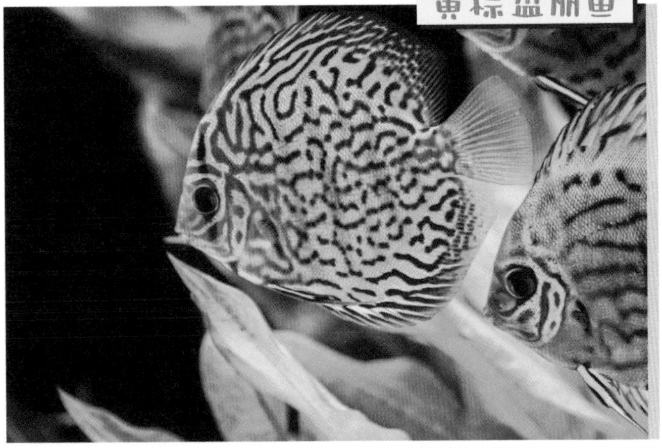

我最喜欢的食物：
水生昆虫

我有多重：
150~250克

我有多大：
长度达15.2厘米

和你相比呢？
比你的手稍微长一点

我生活的淡水区域：
亚马孙河流域的河流和洪泛平原

我是世界上颜色最鲜艳的淡水鱼之一。正因为如此，水族爱好者们很喜爱我。然而，我的自然栖息地是南美洲的亚马孙河，我在那里的河流和被洪水淹没的森林区域游来游去。

虹鳟（也叫“麦奇钩吻鲑”）

我最喜欢的食物：
我能捉到的任何猎物

我有多重：
生活在河流里的我0.5~2.3千克，若我生活在湖里会重得多

我有多大：
长51~76厘米

和你相比呢？
比你的手臂还长

我生活的淡水区域：
原产自会流入太平洋的溪流和河流中，现在被引入全世界的一些湖泊里。

雌鱼一次会产下数千枚卵，并把卵埋在河床的碎石下面，保证卵的安全也防止卵被水冲走。我们中的一些成员在不产卵的季节会到海洋中旅行，但我们中的大多数愿意一直待在淡水中。

淡水动物纵横填字谜

先用你所学到的关于淡水动物及其栖息地知识填空，再用所填的词汇的英文，填这个纵横填字谜。

试一试！

听听动物们的声音，然后找一个朋友或家人说出本章节中各种动物的名字，试着模仿它们的声音。

横格

2 世界上大约40%的_____生活在淡水中。（4个字母）

5 地球上的水中，大约百分之_____是淡水。（5个字母）

7 既能生活在陆地上，又能生活在水中的动物被称为_______。（11个字母）

11 鱼繁殖的方式是_____。（8个字母）

12 淡水比海水的_____低。（5个字母）

13 水獭在潜入水中时能够关闭它们的耳朵和_____。（8个字母）

纵格

1 淡水动物经常和它们相邻的_____的动物们接触。（5个字母）

3 流动的水叫作_____。（5个字母）

4 一类昆虫，它们中有一些物种会叮咬人吸血，它是_____。（8个字母）

6 一类会仰泳的昆虫，它是_____。（11个字母）

8 一种湿地类型_____。（3个字母）

9 黄棕_____是一种很受欢迎的水族缸鱼。（6个字母）

10 水蛛在潜水时，它们长着密毛的身体会产生_____。（7个字母）

答案：横格：2. FISH（鱼）；5. THREE（三）；7. SEMIAQUATIC（半水生）；11. SPAWNING（产卵）；12. SALTY（盐度）；13. NOSTRILS（鼻孔）。
纵格：1. BIOME（生物群系）；3. LOTIC（流水）；4. MOSQUITO（蚊子）；6. BACKSWIMMER（仰泳蝽）；8. BOG（泥炭沼泽）；9. DISCUS（盘丽鱼）；10. BUBBLES（气泡）。

要出水晾干啦

你现在可以不用屏住呼吸了……我们就要从水中离开了。我们已经潜入海洋深处，游过珊瑚礁，在河流中漂流。提到水时，你可能首先会想到鱼，但你现在也了解到其他动物类群的成员也会生活在水生生物群系中。

由于水覆盖了地球表面的大部分区域，所以水中的生命种类丰富多样到让人疯狂也就不足为奇了。水生生物群系的每一个栖息环境都由以下这些因素塑造：水的盐度、从水面照射下来的光照程度、水是温暖的还是寒冷的，以及在海滨和内陆水域环境中与其相邻或环绕着的其他生物群系是怎样的。

在水下，动物们可以采用陆地上不可实现的方式移动，这也意味着它们演化出了各种不同的身体形态。在海洋中生活着一些地球上最不可思议的生物，这让海洋看起来像是一个“外星世界”。在这个世界中生活着章鱼、水母、虾蛄和海葵，这个世界比科幻世界更好，这里生活的动物是真实存在的，并且与我们共享着地球。

字母轮盘

看看自己在有限的时间内，能说出多少由这些字母组成的动物名字的英文词汇？和你的家人和朋友相比，你能说出的更多还是更少呢？你能说出一个由这9个字母组成的海洋动物的英文名称吗？

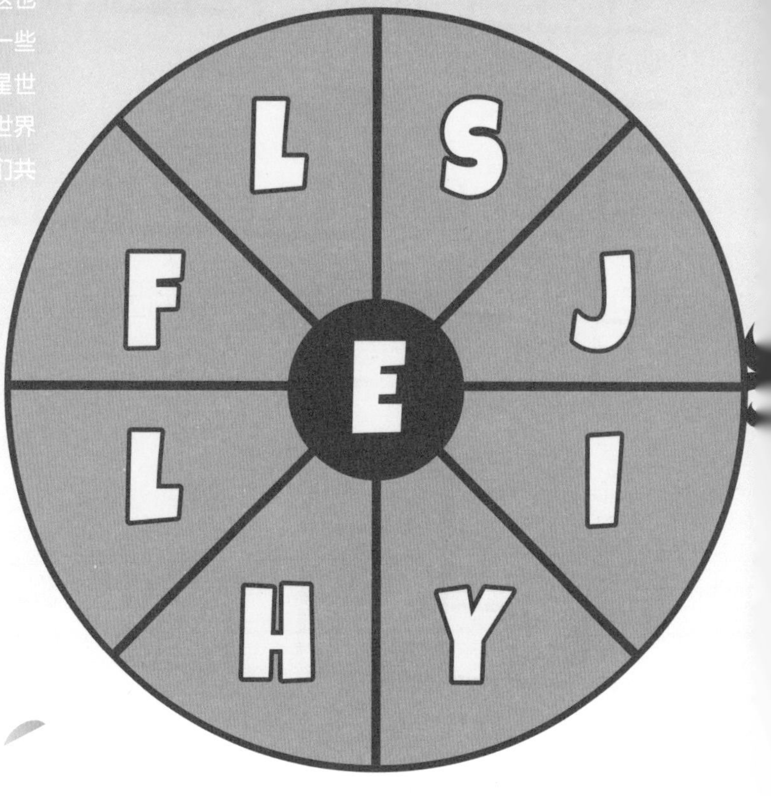

字母排一排！

重新排列每一行的字母，让它们组成你在这一章读到的相关词汇的英文。

WSMAP

....

ANIWRBO TOTRU

....

USOTOPC

....

IRVRE

....

YONFLADGR

....

答案：SWAMP（森林沼泽）；RAINBOW T[illegible]；DRAGONF[illegible]；RIVER（河流）

试一试：体验水生动物生活的5个小实验

石油的麻烦

需要的实验物品

- 透明托盘或烤盘
- 小石头或小卵石
- 海洋动物玩具
- 植物油
- 可可粉
- 小碗
- 玩具船
- 一根羽毛
- 一块海绵
- 一些棉花球
- 一把勺子
- 纸巾

实验步骤

1. 在托盘或烤盘里装一半的水，并在其中混入两三滴食用色素（不是必需的）搅拌均匀。将你的小石头和海洋动物玩具摆放在水中。
2. 在你的小碗里放入几勺植物油，再放入半勺可可粉，进行搅拌，这就是你的“石油”。
3. 将你的“石油”倒入玩具船，让它漂浮在水面上。
4. 把玩具船翻过来，让所有的油都倒进水里，造成“石油”泄漏事件。
5. 将羽毛浸入泄漏的油中，看看它会变成什么样?
6. 用勺子、海绵、棉花球和纸巾把你的“海洋”重新变得干净。你能把“石油”都清理干净吗？哪种工具效果最好?

你学到了什么?

这个实验重现了大型船舶在海上燃油泄漏时的情况。从水中清除所有的油是非常困难的，你可能能看到这些油四散开来。燃油会污染并包裹海鸟的羽毛和海洋哺乳动物的皮毛，并且可能会伤害其他海洋动物和植物。

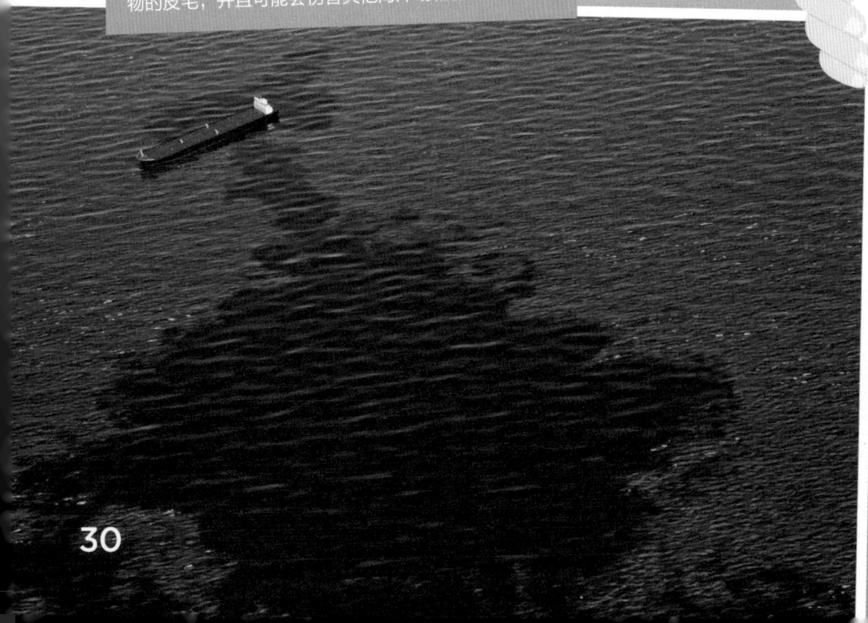

水下放大镜

需要的实验物品

- 咖啡罐或类似的一个大的空罐子，或一根粗塑料管
- 一个大的干净的塑料保鲜袋或保鲜膜
- 橡皮筋
- 一个开罐器

实验步骤

1. 准备好你的塑料管，如果你用的是一个空罐子，请父母帮你用开罐器切割掉空罐子的两端。
2. 制作你的放大镜。用保鲜袋或保鲜膜盖住罐子或塑料管的一端，把它拉紧，使其平整，然后用橡皮筋固定。
3. 把你的放大镜带到池塘、小溪或海边的潮池，检查保鲜袋或保鲜膜是否依然牢牢地固定在塑料管上。
4. 开始搜索，将塑料管被保鲜袋或保鲜膜覆盖的一端轻轻地推入水中。你应该能够更清楚地看到水面以下的情况。你能发现什么生物吗?

你学到了什么?

保鲜袋或保鲜膜经过拉伸后会折射光线，就像放大镜那样，如果把你的塑料管放入不同的水生栖息地，就会看到不同的生物。记住动作要轻、要慢，保持安静，这样你就不会吓到它们了。

创造洋流

需要的实验物品

- 透明托盘或烤盘
- 冷水
- 冰块
- 海洋动物玩具
- 热水
- 蓝色和红色的食用色素
- 水壶

实验步骤

1. 将水倒入托盘，大概装到托盘深度的1/3，滴入一两滴蓝色的食用色素。加入你的海洋动物玩具和一两杯冰块，然后将其放置5分钟。
2. 根据托盘的大小，混合3~4杯热水到水壶里，加入三四滴红色的食用色素。
3. 观察“洋流”运动：慢慢地将热水倒入托盘的一角，并观察发生了什么？

你学到了什么？

洋流在海洋中流动和混合，就像你的彩色水流一样。除了温度之外，盐度、密度、风和地震等都会引起洋流。洋流在深海中移动时，会输送热量、氧气、营养物质，甚至是小型动物。

海洋生物听到的声音

需要的实验物品

- 两个玻璃水杯，不能是塑料的
- 水
- 一把勺子

实验步骤

1. 将两个杯子放桌子上，其中一个杯子装满水。
2. 像陆地动物那样倾听：把头侧过来，并把一只耳朵放在空杯子里，用勺子敲击这个玻璃杯，注意听它发出的声音是怎样的？
3. 现在把你的耳朵放到另一个杯子里，让耳朵完全浸入水中。再用勺子敲击这个玻璃杯。此时你听到的声音和空玻璃杯发出的声音有什么不同？

你学到了什么？

水的密度比空气的大，所以在同样的空间里，水中有更多分子传递声音振动。这意味着声音在水下会更响亮。正因为如此，鲸可以用低沉的叫声相互交谈，哪怕相隔数千千米也能听到彼此。

为什么鲨鱼不会下沉？

需要的实验物品

- 两个水气球
- 水
- 食用油
- 一个大的塑料桶或盒子
- 油性记号笔

实验步骤

1. 制作海洋：将你的大塑料桶装满水。
2. 制作鲨鱼：在一个水气球里装上水，另一个装上油。口部打结扎紧，尽可能地减少空气进入，用记号笔画上鲨鱼的脸。
3. 让它们游泳：将两个鲨鱼水气球放入水中，观察会发生什么？

你学到了什么？

很多鲨鱼体型庞大，但它们不会下沉到海床上。部分原因是它们拥有鱼鳍和轻盈的骨骼，但它们的肝脏也起了很大作用。鲨鱼拥有巨大的肝脏，并且充满油脂，有时候鲨鱼肝脏占到它们体重的1/3。油的密度比水小，因此这样有利于它们漂在水中。

统治草原的动物

可能从名字中你就能猜到：草原是由广阔的草地组成的。凌乱分布的树在这片景观中显得突兀，但对于大多数植物物种来说，这里没有足够的降雨。干燥也意味着会经常发生火灾。禾草类植物生长迅速，能够在火灾后迅速恢复，但火灾限制了像树木这样生长缓慢的植物的数量。为了生活在草原生物群系中，动物们需要具有逃避火灾或躲避火焰的方法，还要能够应对干旱。

除南极洲外，地球上其他大陆上都能找到草原。由于草原分布广泛，环境多样，所以这种生物群系通常被分成不同的类型，主要的类型有稀树草原和温带草原。稀树草原有时候也被叫作热带草原。这种草原通常位于热带雨林和荒漠的中间过渡地带。大多数稀树草原的位置会距离赤道较近，它们一年有两个季节：雨季和旱季。地球上很大一部分草原位于非洲，实际上，几乎半个非洲大陆被稀树草原所覆盖。

许多大型食草动物生活在非洲的稀树草原上，充足的草给这些动物提供了有利的生存条件。相应地，这些动物——包括非洲象、斑马、非洲鸵鸟和长颈鹿等——为狮子、鬣狗这样的捕食者提供了食物。在澳大利亚北部、南美洲和印度也分布有稀树草原。

温带草原通常位于温带森林和荒漠之间。北美洲拥有非常广阔的温带草原，被称为北美大草原（Prairies），而南美洲也拥有南美大草原（Pampas，也叫潘帕斯草原），亚洲和俄罗斯南部有欧亚大草原（Steppe）。禾草和各种野花为昆虫、鼠类和兔子等小型食草动物和杂食动物提供了食物。在不同的草原上，这些小型动物又会被狼、雕、短尾猫（一种猞猁）和狐狸等捕食者捕食。

草原的类型

世界各地的草原有何不同？

温带草原

环境什么样？

- 土壤肥沃，禾草能够长到很高
- 少数大型动物的家园，但没有巨大的动物
- 远离赤道，一年拥有四季
- 几乎没有树

热带稀树草原

环境什么样？

- 土壤贫瘠，加之食草动物持续地啃食，禾草较为矮小
- 非洲的稀树草原是一些体型巨大的动物的家园，比如大象
- 由于靠近赤道，稀树草原上拥有两个季节：雨季和旱季
- 树木和灌木点缀在草原景观中

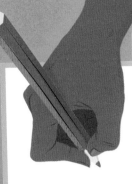

画一种生活在草原上的动物

当提到生活在草原上的动物时，你会想到什么？在下面的空白处画出你想到的草原上的动物。它们是生活在热带稀树草原还是温带草原？

家里的野生动物观赏

到你家周围的花园、公园或附近的草地上，看看你能发现多少种动物。把它们写在下面，数一数你记下了多少种，并将它们归入以下动物类群中。

你看到多少种？

哺乳动物 ☐ 爬行动物 ☐ 鸟类 ☐

从北美到南美：生活在草原的动物

温带草原是开阔的且几乎没有树木的成片草地。即使在多雨的季节，温带草原的降水也比热带稀树草原的降水少。在一年中不同的时间，温带草原的气温变化也更大。火灾在这里也比较常见，但不会像在热带稀树草原那样频繁发生。温带草原主要包括了北美大草原、南美大草原和欧亚大草原，在南非也有南非草原（Veldt）。这几种温带草原中，北美大草原的禾草的高度最高，而欧亚大草原的禾草非常低矮。

由于土地被禾草等草本植物覆盖，温带草原上的许多动物是食草动物。这些食草动物包括鹿、野牛、野马、草原犬鼠和兔子。蛇在草丛间蜿蜒穿行，经常追逐小鼠等小型啮齿动物。在温带草原漫步，你会见到各种各样的无脊椎动物——从蚱蜢、蜘蛛到飞蛾和蝴蝶，它们出现在你面前又急急忙忙跑着、跳着、飞着离开。你也可能会不小心惊吓到在地面上筑巢的鸟儿，比如松鸡或鹌鹑。根据草原所在的地区不同，这里的捕食者包括郊狼、鹰、猫头鹰（鸮）、狼和狐狸。

现在温带草原的面积已经比过去缩小了许多。大量的温带草原变成了人类喂养绵羊、奶牛等牲畜的牧场，或被开垦成为农田种植农作物。强风会将土壤和灰尘从耕地上吹起来，有时甚至造成巨大的沙尘暴。随着越来越多的草原被人类占据，原生的野生动物的空间越来越小，就像其他各种生物群系一样，草原是很多动物无可替代的家园，所以关注和保护草原是非常重要的。

大美洲鸵

我最喜欢的食物：
种子和果实

我有多重：
20~27千克

我有多大：
高1.4~1.7米

和你相比呢？
你大概到我的脖子那里

我生活的草原区域：
南美洲东部的南美大草原

你在整个南美洲都找不到比我还要大的鸟。在夏天，我们成群地待在一起，这样比较安全。但当危险来临，我还是会非常紧张。我会以“之”字形路线逃离困境，一边跑还一边交替抬起我的两个翅膀。

高鼻羚羊

我最喜欢的食物：
禾草

我有多重：
26~69千克

我有多大：
长1~1.4米

和你相比呢？
我抬起头，会和你的眼睛平视

我生活的草原区域：
欧亚大草原

曾几何时，你在欧亚大草原各处都能见到我这个物种，但如今我已经濒临灭绝，难再觅见。夏天时，我那奇怪且垂着的鼻子可以帮助我冷却血液，还能在旅行中过滤我们羚羊群扬起的灰尘。

草原雕

我最喜欢的食物：
小型哺乳动物，特别是黄鼠

我有多重：
2~5.5千克

我有多大：
长60~89厘米，翼展1.7~2.6米

和你相比呢？
我站着有你一半高

我生活的草原区域：
在俄罗斯、蒙古、哈萨克斯坦和中国的大草原上筑巢繁殖

在大草原上要找到食物并不容易，所以我不得不想尽办法获得一顿饱餐。我会捕食活的猎物，也会捡一些已经死去的动物，甚至有时候还会去偷、去抢。我去追其他猛禽，逼它们丢下抓到的猎物，我就可以捡走自己享用了。

勇敢试一试

不只是禾草

需要的实验物品

- 户外服装
- 记事本和铅笔
- 一块表
- 一个放大镜（如果有的话）

实验步骤

1. 去到户外：走到一片看起来“只有禾草[3]”的地方。
2. 寻找植物和动物：花10分钟时间，在这片草地上寻找不同的植物和动物。
3. 记下你发现的不同物种——如果你知道那种动物或植物的名字，就把这些名字都写下来，或你也可以只是记下你看到了多少种动物和植物。

你学到了什么？

如果你耐心仔细观察，即使是一块很小的草地，也常常长满了多种不同的植物，还有多种小型动物生活在那里。想象一下，如果那块草地要大几千、几万倍，你就能够了解在温带草原上有多少不同的生命。

大数字

3500
在16世纪，美洲野牛估计有3500万头，那个时候人们还没开始捕猎美洲野牛。

60
全速奔跑的大美洲鸵的速度可以达到60千米每小时。

10 000
地球上的禾草植物（禾本科植物）大概有10 000种。

6000
大约6000年前，马在欧亚大草原上被人类驯化。

3. 译者注：禾草（Grass）一般是对禾本科植物的称呼，平常见到的狗尾草、早熟禾，以及我们所种植的水稻、小麦等都是禾草，竹子是一类特殊的禾草。

美洲野牛

我最喜欢的食物：

禾草

我有多重：

最高达910千克

我有多大：

雄性可以长到3.5米，雌性可以长到2.9米

和你相比呢？

我们大概可以面对面平视

我生活的草原区域：

北美大草原

每年冬天和夏天，我都会带着我的野牛群迁徙数百千米去寻找没被啃食过的草场。尽管我又大又笨，但在需要的时候，我跑得很快。为了躲避捕食者，我可以以56千米每小时的速度奔跑——和马跑得一样快。

北石龙子

我最喜欢的食物：

蜘蛛、蚱蜢和蟋蟀

我有多重：

大约10克

我有多大：

包含我的尾巴在内，我的体长为13~22厘米

和你相比呢？

我可以趴在你的手上，不过我的尾巴可能会悬在边上

我生活的草原区域：

北美大草原

在我小的时候，我有一条亮蓝色的尾，但随着我慢慢长大，那美丽的颜色会逐渐褪去。我会在地下挖洞，每年的9月到次年4月我都在洞里冬眠，当我醒来回到地面时，正是寻求配偶的时节。

将这些动物和它们的家连起来

灰狐

亚洲狗獾

穴兔

小鼠

金雕

鸟巢

我在树上、悬崖边和岩石峭壁上建造巨大的鸟巢。

獾洞

我安在地下的家让我拥有了栖身之所，我能够在那里躲避捕食者，还能养育孩子。

兔洞

我们把许多不同的地洞用地下洞道连接在一起，形成了我们的兔洞。

地洞

如果你在地上发现一个小小的洞口，那你可能就在我家门口。

兽穴

我拿树洞或其他动物留下的地洞当作我的兽穴，这里是我的产房和育儿室。

热带大草原：生活在稀树草原的动物

稀树草原的英文Savanna来自于Zavanna，这是一个古老的词，意思是“没有树的平原”，对于这种类型的草原来说，这也是一个相当准确的描述。顾名思义，在稀树草原上，有一些树点缀在草原上，比你在大多数温带草原上能见到的树多，但这里大部分的植物是矮小的草本和低矮灌木。稀树草原的形成是因为这里没有足够的雨水让森林生长，但雨水也没有少到会让这里成为荒漠。通常在旱季时，稀树草原上热风吹过，大火熊熊燃烧，地面开始干裂，而雨季到来后，水淹没低洼的土地，足够的雨水也维持了这里的植物和动物的生存。

当听到“稀树草原”这个词时，你可能会想到非洲。大部分稀树草原生物群系位于这块大陆，这里到处都是那些家喻户晓的动物。在非洲草原上进行野生动物观赏时，你会看到很多有蹄类动物，它们是长有蹄子的食草动物，比如长颈鹿、斑马、河马、犀牛和羚羊等。这里还生活着世界上最大的陆生动物——非洲草原象。稀树草原上的捕食者包括了鬣狗、雕、蛇鹫、非洲野犬和几种大型猫科动物。蛇鹫有一双大长腿，会用来踩住蛇类。稀树草原还生活着一些小家伙们，包括多种爬行动物、蛙类，以及像细尾獴这样的小型哺乳动物，还有蝎子、甲虫和白蚁等无脊椎动物。

不过，非洲并非唯一拥有稀树草原的大陆，在南美洲、印度和澳大利亚北部也能够找到稀树草原[4]。在南美洲的稀树草原，你能够见到水豚、南美泽鹿和漫游其间的巨大的水蚺。澳大利亚的稀树草原则生活着袋鼠、袋貂等有袋类动物，此外还有蝙蝠、啮齿动物及许多鸟类和无脊椎动物。在印度的稀树草原，你会见到花豹、亚洲象和独角犀。

非洲狮

我最喜欢的食物：

哺乳动物，尤其是斑马、角马等有蹄类动物

我有多重：

雄狮最重达225千克

我有多大：

不包括尾巴，雄狮能长达2米

和你相比呢？

你大概能到我的肩膀

我生活的草原区域：

撒哈拉以南的非洲

我是稀树草原上的顶级捕食者之一。雄狮和雌狮在狮群中扮演不同的角色：雌狮共同捕猎，而我这只雄狮更主要的任务是保护族群和我们的领地，防范斑鬣狗和敌对的狮子等入侵者。

是真是假？

在以下关于稀树草原的知识旁，标上这条知识是真实的还是虚假的。

稀树草原只分布在非洲：__________

白蚁能够建造和长颈鹿一般高的白蚁冢：__________

当非洲鸵鸟感到害怕时，会把头埋进沙子里：__________

答案：假；真；假。

4. 译者注：在中国西南地区和亚洲中南半岛，也有一些不太典型的稀树草原，尤其是西南地区的干热河谷中有一些山地稀树草原。

非洲鸵鸟

我最喜欢的食物：
植物、昆虫和小蜥蜴

我有多重：
重达156千克

我有多大：
高达2.8米

和你相比呢？
可能比两个你加起来还高

我生活的草原区域：
原产于非洲，但在澳大利亚有一些野化的种群

尽管传说中我会把头埋在沙子里，但我不会真的这么做。如果看到我低着头，那是我在寻找食物或挖巢。我们非洲鸵鸟是体型最大的现生鸟类，雌性的鸵鸟会产下现今世界上最大的蛋。我不会飞，但我能够以69千米每小时的速度快速奔跑。

词汇找一找

在以下字母阵列中，寻找到一些生活在稀树草原上的动物的英文单词。

LION（狮子）、CHEETAH（猎豹）、ZEBRA（斑马）、ELEPHANT（大象）、KANGAROO（袋鼠）、OSTRICH（非洲鸵鸟）、MEERKAT（细尾獴）、ANTELOPE（羚羊）

L	B	Z	A	N	T	I	O	N	K	A	T	S	E
E	V	K	I	E	P	R	M	A	E	N	P	O	L
R	W	E	A	G	H	C	I	O	H	R	N	D	E
F	O	L	B	N	E	A	L	W	C	X	I	O	P
A	L	I	O	N	G	U	N	F	I	R	C	E	H
E	R	H	A	T	E	A	Y	U	R	T	N	P	A
B	G	H	O	M	L	E	R	I	T	Z	I	O	N
M	E	A	R	K	A	T	Z	O	S	R	Y	L	T
Z	E	T	M	A	N	T	E	W	O	B	H	E	G
F	R	E	I	R	N	O	B	E	J	U	X	T	A
H	I	E	P	M	E	E	R	K	A	T	O	N	P
O	S	H	T	I	V	U	Y	J	P	L	I	A	E
R	T	C	G	M	O	T	E	N	R	Y	Z	V	M
J	A	R	B	E	Z	C	E	L	P	E	N	D	O

豹纹陆龟

我最喜欢的食物：
植物，尤其是禾草

我有多重：
大约20千克

我有多大：
大约长40厘米

和你相比呢？
你需要用两只手才能把我拿起来

我生活的草原区域：
非洲的东部和南部

你看到我时，通常我在啃食禾草和稀树草原上的其他植物，但我有时候也会啃食骨头来获得一些钙质。种子往往能顺利通过我的消化系统，和粪便一起被排出来，而不被分解，所以我对稀树草原上植物种子的传播也非常重要。

分开大象

在下图中画4条线，将每只大象都单独分隔在各自的区域里。

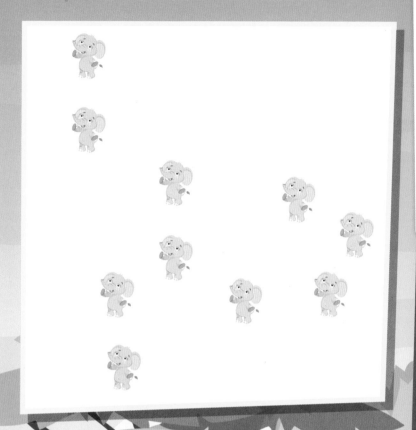

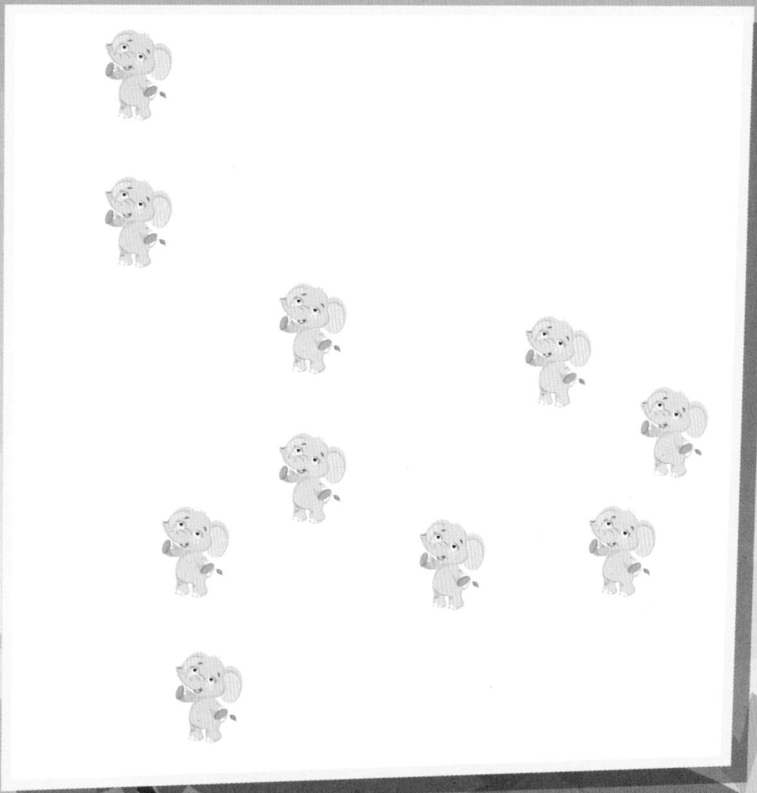

长颈鹿

我最喜欢的食物：

树叶

我有多重：

大约重达1361千克

我有多大：

高4.3~5.7米

和你相比呢？

可能比4个你加起来还高

我生活的草原区域：

撒哈拉以南的非洲

我的邻居非洲象可能是陆地上体重最大的动物，但我毫无疑问是身高最高的。我还有着长长的舌头，能够用来卷住树叶和清洁鼻子。我个子太高，无法躲藏，所以我遇到狮子和鳄鱼就要快跑逃开，有时候我奔跑速度可达到56千米每小时。

白蚁冢

我最喜欢的食物：

死掉的树木和其他植物

我有多重：

几乎称不出来重量

我有多大：

不同物种的体型也不同，大约4~15毫米

和你相比呢？

比你的小手指尖还要小，但白蚁群的蚁后的个头要大得多

我生活的草原区域：

非洲、南美和澳大利亚

尽管一只白蚁很渺小，但这没关系，我们一群白蚁有数百万只。我们同心协力能够建造高达5米的白蚁冢。我们吃腐烂的植物和土壤，这样就能够帮助清洁稀树草原，我们蚁穴的洞道也能够促进土壤中的养分流动。

试一试！

你最喜欢什么动物？

读到这里，你已经认识了一些稀树草原上的动物成员，和你的朋友讨论一下，你们各自最喜欢什么动物？为什么？把最喜欢的动物写下来，看看它们分布在哪些国家。

画一幅海报

在下面的空白处画一张海报，鼓励人们去旅行观赏野生动物。记得把你在稀树草原章节遇到的一些动物也画进去。

离开草原

无论是北美大草原、南美大草原、欧亚大草原还是稀树草原，我们都要到离开的时间了。一开始，听说这么一片长满了草的开阔空间，可能并不会令人兴奋，但这个生物群系是如此丰富多彩。在草原之旅中，你遇到了一些地球上最受人喜爱的动物，还有一些可能你以前从未听说过的动物。成群的食草动物、翱翔天空的鸟类、各种飞来跳去的小动物，还有潜行的捕食者，共同造就了这个迷人而复杂的生态系统。在这个微妙的系统中，每一种草原动物都会对其他动物产生影响。目睹一只大型猫科动物捕捉到一只羚羊宝宝或年轻的斑马，可能会令人难过，但这些猎物却养活了捕食者那些饥饿的幼崽。如果没有捕食者的存在，就会有越来越多的食草动物，然后草就会被啃光，直到什么都没有。如果没有兀鹫、白蚁和蜣螂这样的动物，大地最终也会被一层粪便和动植物尸体覆盖。

每一种生物在草原上都有自己的角色，有自己的生存方式。只要观察一定的时间，你就会看到它们之间的相互作用，以及它们如何应对旱季和火灾。正如你已经看到的，草原一点也不会无聊。

流行文化中的动物

《狮子王》

在这部迪士尼的经典影片中，你会见到各种各样的稀树草原上的动物。

《我们的星球》

在Netflix纪录片《我们的星球》里，有许多来自热带草原和温带草原的令人惊叹的镜头。

《女猎鹰人》

跟随13岁的艾肖潘，看她如何努力成为家族中第一个用金雕打猎的女性。

试试你自己 3

记住这个章节所讲的知识，然后合上书，将这些知识写下来。在3分钟内，你能记住并且写下多少条知识呢?

数数猎豹宝宝

帮助猎豹妈妈数一数。猎豹妈妈有4个孩子，它们在草原上玩耍后，都回家了吗？

试一试：体验草原动物生活的5个小实验

猎豹的速度

需要的实验物品

- 一个户外场地
- 卷尺
- 石头或其他能够标记起点和终点的物品
- 一只秒表

实验步骤

1. 确定一条起跑线，放上石头作为标记。
2. 站在起跑线上，尽可能远地往前跳跃一步，找人测量你跃出的距离。
3. 用卷尺从起跑线开始测量50米的距离，在终点处画一条终点线。
4. 从起点以最快的速度跑到终点，同时找人用秒表给你计时。

你学到了什么？

通过比较，你能更加深刻地理解那些关于动物的知识。猎豹一跃可以达到7.6米，要跨越同样的距离，你需要跳跃几次呢？至于短跑的速度，它们跑50米只需要不到3秒的时间。

狮子的眼睛

需要的实验物品

- 需要只有文字、没有图片的两张报纸
- 一张彩色纸
- 胶棒
- 剪刀
- 一位朋友或家人

实验步骤

1. 在地上铺一张报纸。这是你的稀树草原，而那些文字就是草原上的草。
2. 从另一张报纸上剪下5个长方形纸条，每个纸条的长度大概和你的食指长度相当，从彩色纸上剪下同样大小的5个长方形纸条。
3. 将所有的纸条粘贴在地上的大报纸上，每一个都贴在一个随机的位置。
4. 让你的朋友或家人走进房间，让他们看“草原”1秒，然后转过身去。
5. 问你的朋友或家人，看到了多少条长方形？让他们再看一次，这次多看一会儿，他们会看到更多的长方形吗？

你学到了什么？

斑马等动物身上的花纹能够让它们融入草原背景之中。通常情况下，视力敏锐的捕食者最终还是会发现它们，尤其是当它们开始移动时，但融入环境之中还是能为这些动物争取更多的逃跑时间。

草原雕的翅膀

需要的实验物品

- 纸板
- 强力胶带
- 卷尺
- 丝带
- 一支记号笔
- 剪刀

实验步骤

1. 在纸板上画出一对草原雕的翅膀的轮廓，这一对翅膀加起来应该有1.65米长。你可能需要把几张纸板拼贴在一起。
2. 在翅膀上画一些羽毛，然后剪下翅膀，可以请你的家人帮助你一起完成。
3. 请家人在每片翅膀的中间固定两条丝带，翅膀的基部也各自固定两条丝带。这样可以把丝带系在你的肩部和腕部。
4. 用丝带把翅膀绑在你的手臂上，试试你的新翅膀怎么样。

你学到了什么？

1.65米是成年草原雕最小的翼展宽度，有些个体的翼展甚至更大。它们确实是体型非常大的鸟。拥有宽大的翅膀代表着它们能够像飞机那样在空中不动翅膀地翱翔，可以不用一直扇动翅膀。

种一片草原

需要的实验物品

- 一个托盘或花盆
- 种植土
- 禾草（早熟禾等草坪草）籽
- 小石子或碎石
- 喷壶
- 水
- 草原动物玩具

实验步骤

1. 在托盘或花盆底部铺满一层小石子或碎石，以利于排水。
2. 在石子上铺上一层土，轻轻地把土弄平。
3. 在土上均匀地撒上草籽，然后在上面加一层细细的土壤。
4. 用喷壶给种子浇水。
5. 把你的草原动物玩具放在这个托盘上或花盆里。
6. 把这个托盘或花盆放在窗台上，等待几个星期，如果土干了就再浇一些水，看看会发生什么。

你学到了什么？

草原上的食草动物依靠草来生存。没有了草，食草动物就没有了食物，进而捕食者也会没有猎物。草需要阳光和水来生长，如果你不浇水，它就会逐渐枯萎死去，就像干旱时的草原一样。

大象的鼻子

需要的实验物品

- 胶带或绳子
- 乒乓球
- 游泳用的浮力棒或吹起来的长条形气球

实验步骤

1. 用胶带或绳子在地板上框出一个正方形。
2. 将乒乓球放在地板上，但要放在正方形外。
3. 将浮力棒或长条形气球的一端抵住你的鼻子，尝试用另一端将乒乓球推到或滚到正方形中。

你学到了什么？

现在你知道有个大长鼻子是什么感觉了吧？嗯，可能并不完全如此。实际上，大象对鼻子的控制力比你对长条形气球或浮力棒的控制力要强得多。它能够抬起并弯曲自己的鼻子，鼻子的末端可以像手指一样抓握东西。

生活在森林的动物

森林是成片树木生长覆盖的区域。森林主要有3种类型：热带森林、温带森林和寒温带的北方针叶林，最后的这种森林也被称为“泰加林”。由于与赤道的距离的差异，这3类森林的气候和其中生活的野生动物也都有所不同。森林几乎覆盖了地球上陆地表面的1/3，人类已知的陆生动物中，大约有80%生活在森林中。但这些数字可能不会持续太久了，人们为了获得木材和开垦土地而不断地砍伐森林，这个生态群系正在面临威胁。

由茂密的树木所覆盖的森林创造了大量各种类型的栖息环境。尽管不同森林的植物和动物组成有着巨大的差异，但大多数森林有一些相同的基本结构。因为森林是很多不同物种的家园，所以在这其中也有着极其复杂的食物网。这里充满了争夺空间和栖身之所的竞争，许许多多不同的动物都在努力捕食别的动物，或逃离别的动物的捕食。

树冠层

这里什么样？

这里是成熟大树的树冠。树冠层由厚厚的枝叶组成，覆盖着下面的其他森林分层。

谁生活在这里？

这里为树栖（在树上生活）和会飞行的动物提供了食物和栖身之处。

森林的分层结构

世界上绝大多数森林是由这4个主要的层次组成的。

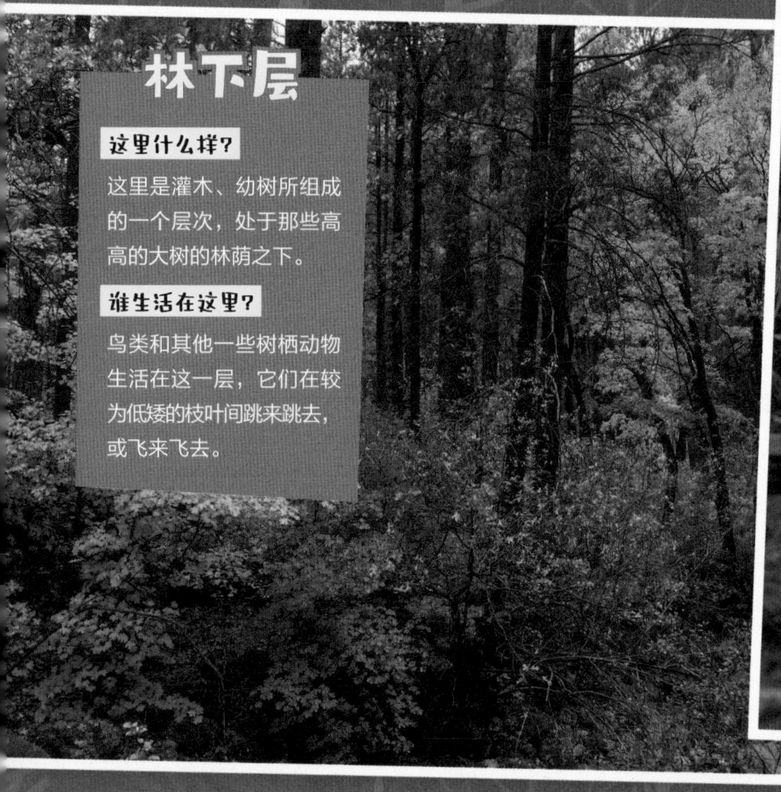

林下层

这里什么样？

这里是灌木、幼树所组成的一个层次，处于那些高高的大树的林荫之下。

谁生活在这里？

鸟类和其他一些树栖动物生活在这一层，它们在较为低矮的枝叶间跳来跳去，或飞来飞去。

地被层

这里什么样？

这里是被枯枝落叶和其他腐烂的植物物质覆盖着的地面层，还生长着一些草和蕨类等小植物。

谁生活在这里？

在这一层中也生活着很多森林居民——包括哺乳动物、爬行动物、两栖动物和无脊椎动物，有时候它们中的一些会冒险爬上林下层。

露生层

这里什么样？

露生层是由一些非常高、非常古老的大树的树冠组成的，这里比林冠层还高。

谁生活在这里？

灵长动物和鸟类能够在这些森林中的巨树上纵览整片森林，寻找猎物或发现危险。

在森林中露营

森林里是非常适合露营的。你能把相同的物品进行分类吗？

在这张图中，每一类事物有几个呢？将数量填在下面的空白处。

动物 ☐	相机 ☐
树叶 ☐	电筒 ☐
帐篷 ☐	地图 ☐

答案：11，23，2，2，3，1。

森林公式

每一种动物代表一个数字。利用下面的公式，你能计算出最终的答案吗？

一只鹦鹉=1　一只巨嘴鸟=2　一只长臂猿=5　一只美洲豹=3

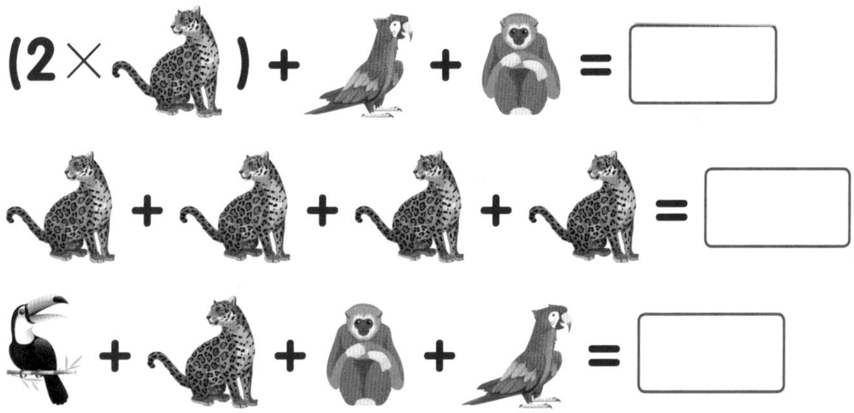

答案：12，12，11。

藏身树木间：生活在温带森林的动物

想象一片高大的森林，秋天的落叶飘落在地面上，或是一个山谷，长满像是圣诞树的树木。这些就是温带森林。温带的意思是"气候温和的地带"。温带森林距离赤道和极地都很远，所以在这里不像热带森林或寒温带森林那样要经历极端的酷热或严寒。不过和全年气候变化不大的热带森林不同，温带森林一年四季的气候变化是十分明显的。

在温带森林中，一年有4个季节，不同季节中的森林看起来非常不同。四季的长度大致相同，冬季也只有几个月的时间，一年中的较多时间树木和其他植物都在生长。生活在这些森林中的动物们拥有应对各个不同季节的挑战的生存本领。有些动物在冬天换上更厚的毛发，或者在夏天就把食物储藏起来，这样它们就不会在最冷的月份忍饥挨饿。

温带森林又可以分成两种主要的类型：针叶林和落叶林。落叶林树木的叶子在落叶之前通常会变成红色或黄色，叶子脱落能够在冬季节省能量和水分。针叶树全年都保持着它们那细细的针叶。无论是哪种类型，温带森林的结构都比热带森林的更简单，没有那么多不同的层次，这意味着动物可以藏身的地方更少。在这些温带森林中活动的大型动物比较少，但仍然可以见到熊或狼等动物。这里生活的中小型的哺乳动物包括蝙蝠、狐狸、豪猪，以及生活在树上的松鼠、花鼠和负鼠等。鸟的种类也有很多，从小型的鸣禽和啄木鸟到捕食其他动物的各种鹰。由于这里的寒冷天气不会持续太久，爬行动物能够在温带森林中安家，并藏起来过冬；两栖动物在森林的溪流和池塘中能够找到配偶。在树木上和森林地被层也能见到许多无脊椎动物，比如飞蛾、蜘蛛和蜗牛。

小熊猫

我最喜欢的食物：
竹子

我有多重：
3~6.2千克

我有多大：
不包括我的尾巴在内，长50~64厘米

和你相比呢？
我的头大约到你站起来时的膝盖

我生活的森林区域：
中国的喜马拉雅山脉和西南山地

虽然我叫小熊猫，但我和大熊猫没什么关系。我是浣熊而不是熊的亲戚！我用小短腿沿着树枝攀爬，寻找树上的食物，吃饱也会停下来趴着休息。如果遇到危险，但又来不及爬到安全的地方时，我就会用后腿站起来，让自己显得个头更大。

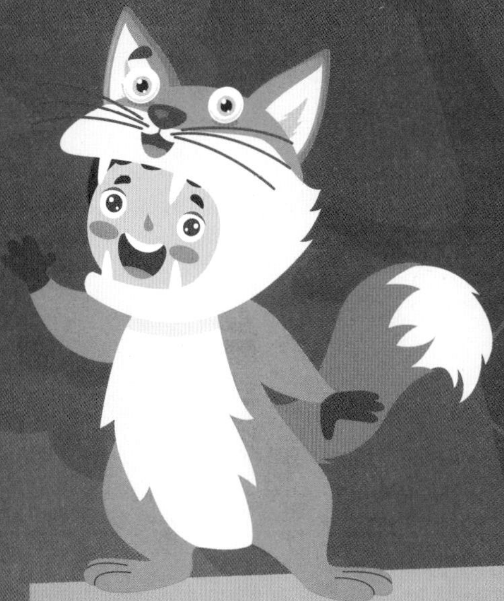

绿啄木鸟

我最喜欢的食物：
蚂蚁

我有多重：
大约200克

我有多大：
长30~36厘米

和你相比呢？
我翅膀张开，翼展比你胸口的位置稍微宽一点

我生活的森林区域：
欧洲和亚洲西部

不像其他啄木鸟，虽然我经常在树上活动，但你见不到我在树上用喙啄木凿洞觅食。我会在地上跳来跳去寻找蚂蚁，用长长的舌头把它们抓出来。我的舌头太长了，所以不得不围着头骨绕一圈。

找到规律

在右边的动物阵列中寻找规律，想想下面的这4只动物应分别放到哪个空格里呢？

谁的眼睛？

观察下面的动物眼睛。这些都是哪种动物的眼睛呢？

答案：狼，北美河狸，啄木鸟。

北美河狸

我最喜欢的食物：
植物

我有多重：
大约20千克

我有多大：
不包括我那又大又扁平的尾巴在内，长74~90厘米

和你相比呢？
我大约够得到你的膝盖

我生活的森林区域：
原产于北美洲，但被引入了南美洲和欧洲的一些地方

我是北美洲体型最大的啮齿动物，也是一种半水生的动物，也就是说，我既能在陆地上生活，也能在水里活动。我用锋利的牙齿咬断树木，然后用木头建造水坝。水坝蓄水可以形成一个池塘，我就可以在那里建造一个拥有水下入口的家，这样捕食者就无法进来啦。

普通围束蛸（一种竹节虫）

我最喜欢的食物：
树叶

我有多重：
几乎称不出来重量

我有多大：
雄性长7.5厘米，雌性长9.5厘米

和你相比呢？
大约像你的手掌那么长

我生活的森林区域：
北美洲

我伪装得如此巧妙，就像一根小树枝，你即使从我身边走过，也可能不会注意到我。在繁殖季节，我分多次产卵，每次产下一枚，让卵落到森林的地面上。第二年春天，幼虫就从卵中孵出，然后这些小小的幼虫会爬到树上来。

狼

我最喜欢的食物：
鹿和野猪等有蹄类动物

我有多重：
雄性大约40千克

我有多大：
长1~1.6米

和你相比呢？
我的头大约够得到你的胸口

我生活的森林区域：
北美洲和欧亚大陆

无论做什么事情，睡觉、旅行、玩耍，还是狩猎，我的狼群都和我一起行动：我们一起追捕猎物，在树林中追赶它们。我会严格地保护我们的领地，并通过嗥叫让其他狼群知道，它们应该远离我们这一片森林。

动物宝宝配对

你能看出左边的动物宝宝分别是右边哪种动物爸妈的孩子吗？

闷热又潮湿：生活在热带雨林的动物

这里全年炎热多雨，充满了数百万种生物的色彩和声音……欢迎来到地球上最多姿多彩的陆地生物群系。热带森林位于赤道上或靠近赤道的地方，这里只有两个季节，而且这里会不停地下雨。这里是所有生物群系中——当然水生生物群系要除外——最为潮湿的，一年有几百厘米的降雨量。这些降水会使植物生长得十分繁茂，有高大的树木、鲜艳的花朵和扭曲的藤蔓。茂密的植物形成了几个不同的层次，因此有很多地方可供动物狩猎、躲藏、繁殖、睡觉和玩耍。事实上，这里拥有很多植物和动物，是生物多样性最为丰富的生物群系。

世界上主要的3个大热带雨林地区分别位于非洲、东南亚和南美洲。在南美洲，你会见到亚马孙热带雨林，这是所有的热带森林中最大的一片。那里生活着许许多多著名的丛林动物，例如美洲豹、鹦鹉、树栖的蛙类、树懒和猴子。在非洲大陆的丛林中，你可能会与大猩猩相遇，还有豹子（花豹，也就是金钱豹）、非洲森林象、黑猩猩和蝰蛇。澳大利亚的丛林是有袋类动物的家园，比如袋貂和树袋鼠，这里还有蝙蝠、翠鸟（以及翡翠）、鳄鱼，以及树蛇。热带森林也拥有大量的无脊椎动物。科学家们认为，仅在亚马孙地区就有大约250万种不同的昆虫——再加上所有的蜘蛛、蜈蚣、蝎子和其他昆虫，这个数字是极其巨大的。

不幸的是，如此举世瞩目的生物群系正处于严重的危险之中。由于气候变化及人们为了获得木材和开垦土地而进行的森林砍伐，这些森林的面积正以相当可怕的速度不断缩小，生活在那里的数百万热带雨林物种的家园也会越来越小。如果它们的栖息地得不到保护，无法继续维系，有些物种可能就此永远在地球上消失了。

环尾狐猴

我最喜欢的食物：
叶子和果实

我有多重：
大约2.2千克

我有多大：
不包括我的尾巴在内，长39~56厘米

和你相比呢？
四肢着地，我够得到你的膝盖

我生活的森林区域：
马达加斯加

我们善于爬高，我小时候会紧紧地趴在母亲的背上，之后就会学着自己爬树和跳来跳去。我们这个物种的雄性的手腕和胸部有特殊的产生气味的腺体。我们会把分泌物涂抹在尾巴上，然后在与其他雄性的战斗中扇动尾巴，这就是所谓的“臭味战斗”。

数字金字塔

你能计算出这个金字塔顶端的数字是什么吗？相邻的两个砖块的数字相加就是它们上面的砖块的数字。

答案：从顶端开始自左向右的数字是：65；30，35；15，15，20；8，7，8，12；4，4，3，5，7；2，2，2，1，4，3。

我最喜欢的食物：

果实

我有多重：

380~500克

我有多大：

包括我巨大的喙在内，长42~55厘米

和你相比呢？

我的喙大概够得到你的膝盖

我生活的森林区域：

墨西哥南部、中美洲和南美洲北部

我是社会性很强的鸟类，你很少见到我没和我的同类待在一起。我在森林中飞得很慢，扇动几下翅膀然后滑翔一段距离。我们长长的喙有利于得到果实并把它们打开。有时候我们会玩抛接球游戏，把果实扔到彼此的嘴里。

厚嘴巨嘴鸟

填空题

将黄色方块中的词汇填到空白处，补齐下面的10个句子。

1. 环尾狐猴将它们______腺体的分泌物涂抹在尾巴上，然后在与其他雄性的______战斗中扇动尾巴。
2. 当人们为了获得______或______而把森林里的树砍掉，这被称作______。
3. 热带森林都分布在______上及其附近的区域。
4. 厚嘴巨嘴鸟是生活在______中的______鸟类。
5. 在__________的热带森林中，你能够见到树袋鼠、翠鸟。
6. 热带雨林是所有生物群系中不含水生生物群系最______的。
7. 丽红眼蛙没有______，所以它用______来保护自己，避免被捕食者捕获。
8. 热带雨林的树木形成了几个不同的______。
9. 狐猴会在树上______和______。
10. 大猩猩和非洲森林象生活在______大陆的丛林中。
11. 年幼的环尾狐猴会趴在它们______的身上。

气味　赤道　臭味
跳跃　木材　土地
社会性　潮湿　层次
母亲　澳大利亚　毒性
攀爬　（鸟类）群体
伪装　非洲　森林砍伐

答案：从顶端开始自左向右的数字是：154；85，69；47，38，31；28，19，19，12；19，9，10，9，3；12，7，2，8，1，2。

答案：气味，臭味；土地，木材，森林砍伐；赤道；（鸟类）群体，社会性；澳大利亚；潮湿；毒性，伪装；层次；攀爬，跳跃；非洲；母亲。

拼图游戏

将数字填到下面拼图块旁边的空格里，将它们拼成一张热带雨林的图片。看看哪一片多出来了？

来涂色！

你认为这只鹦鹉是什么颜色的？

丽红眼蛙

我最喜欢的食物：

昆虫

我有多重：

6~15克

我有多大：

雄性长5厘米；雌性长8厘米

和你相比呢？

我可以蹲在你的手上

我生活的森林区域：

墨西哥南部、中美洲和哥伦比亚

我大部分时间会在树上度过，我不具备毒性，不会咬人并使人中毒，我躲避捕食者的唯一办法就是把自己伪装成树叶的一部分。在我睡觉的时候，彩色的脚藏在身下，我的双腿遮住侧面的蓝色，我的红眼睛也会闭上。

獾㹢狓

我最喜欢的食物：

树叶和嫩芽

我有多重：

200~250千克

我有多大：

大约长2.5米

和你相比呢？

你可以够到并且抚摸我的肩膀

我生活的森林区域：

非洲中部的刚果民主共和国

现生动物中，我最近的亲戚是长颈鹿。就像我的表亲那样，我也有一条长得惊人的舌头，用来卷住树叶和清洁脸。我非常害羞，也非常神秘，我的如斑马一样的条纹有利于在斑驳的森林光线中隐藏。

英雄翠凤蝶

我最喜欢的食物：

幼虫（毛毛虫）吃灌木和花朵，成虫（蝴蝶）以花蜜为食

我有多重：

非常非常轻

我有多大：

翼尾长14厘米

和你相比呢？

大约和你的手一样大

我生活的森林区域：

澳大利亚、巴布亚新几内亚、印度尼西亚和所罗门群岛

当我飞行时，几百米外都能看到我那亮蓝色的翅膀在树木间掠过。雄性有时候会有点摸不着头脑，把其他蓝色的东西也当成雌性。我的翅膀腹面是黑色的，所以当我合上翅膀时，你就不容易发现我。

猜一猜

看看你对热带雨林了解了多少？

你在哪里能够见到亚马孙热带雨林？

A. 南美洲

B. 非洲

C. 澳大利亚

英雄翠凤蝶成虫是什么颜色的？

A. 橙色和绿色

B. 黑色和蓝色

C. 红色和蓝色

现生动物中，獾㹢狓最近的亲戚是谁？

A. 羚羊

B. 长颈鹿

C. 树懒

在亚马孙地区生活着大约多少不同的昆虫物种？

A. 100万种

B. 2500万种

C. 250万种

哪里的热带森林是唯一有环尾狐猴生活的地方？

A. 丹特里

B. 亚马孙

C. 马达加斯加

以下哪种鸟你能够在亚马孙地区见到？

A. 金刚鹦鹉

B. 金雕

C. 冠蓝鸦

答案：A；B；B；C；C；A。

泰加林：生活在冰雪森林中的动物

作为亚北极地区的森林，泰加林（也被称为“北方针叶林”）的气候相当寒冷。这里的地面经常被积雪覆盖，常绿的针叶树的顶上也常覆盖着积雪。泰加林的冬天十分漫长，在一些地区，一年中大部分时间土壤是冰冻的。尽管地面寒冷、土壤贫瘠，但能在这里生存的树木可以长得很高，并且形成非常茂密的森林。啮齿动物和无脊椎动物在地表层活动，利用树枝和林下层植物作为掩护。但像雕或猫头鹰这样的猛禽能从上面发现并捕食它们。

在泰加林中，没有那么多大型肉食性哺乳动物，但你也许能遇到熊、狐狸、狼或猞猁。世界上最大的猫科动物——东北虎生活在西伯利亚一角的泰加林中。其他的哺乳动物包括鼬和貂等小型捕食者，以及驯鹿和驼鹿等食草动物。生活在泰加林的哺乳动物和鸟类都非常适应寒冷气候，它们有着厚厚的皮毛或羽毛来保暖。有些动物，比如熊，会在秋天时进食很多食物，然后找个舒服的地方，这样它们在冬天最严酷的几个月里就能靠冬眠度过。天寒地冻的气候让冷血的爬行动物和两栖动物很难在这里生存，所以只有很少的种类把泰加林当作家园。

在夏季，天气暖和起来，融化的冰雪让地面变得潮湿，形成了泥炭沼泽和草沼。这种不流动的水很适合昆虫在其中产卵，聚集成云雾般的大群飞虫为努力喂养雏鸟的鸟类提供了食物来源。就像冻原一样，泰加林中的沼泽也是候鸟们喜欢的地方。不过，当天气变冷时，它们就不得不迁徙，否则它们也难以熬过冰天雪地的冬天。

猞猁

我最喜欢的食物：
哺乳动物和鸟类

我有多重：
雄性大约重21.6千克

我有多大：
长80~130厘米

和你相比呢？
我的头大约能到你的胸口

我生活的森林区域：
欧洲、亚洲北部和青藏高原

我是一只会变色的猫，夏天为红棕色，冬天为银灰色，不过我的腹部全年都是白色的。我通常白天睡觉，晚上捕猎，我会悄无声息地接近我的猎物。尽管我不是猫科动物中体型最大的，但我能够捕食很大的动物，比如鹿和年幼的驼鹿。

文字游戏

泰加林的英文Taiga由5个字母拼写而成。用这5个字母为首的单词造句，看看你造的句子多有意思？

这里是一个例子：

Two
Amazing
Indigo
Goats
Ate

T..
A..
I..
G..
A..

北方拟蝗蛙

我最喜欢的食物：
昆虫和其他小型无脊椎动物

我有多重：
不到30克

我有多大：
长3厘米

和你相比呢？
比你的小手指还要小

我生活的森林区域：
加拿大

我是为数不多的能够在泰加林生存的两栖动物之一。寒冷的冬天，我会躲在倒木下面或地洞里冬眠。冰雪融化的时节，我们才会回到地面上，然后我们开始齐声合唱。

词汇接龙

下面每一个句子都需要填入英文答案，答案的首字母与前一个答案的最后一个字母相同，所有的单词都和泰加林中的动物有关！

1. 茂密的树木为容易被捕食的小型动物提供了________。

…………………………………………

2. 你在森林的地被层能够见到的一类小型动物：

…………………………………………

3. 驼鹿拥有几层厚厚的毛？

…………………………………………

4. 泰加林中最神出鬼没的动物之一是______。

…………………………………………

5. 欧亚______是一种生活在泰加林中的中型猫科动物。

…………………………………………

答案：COVER（掩护）；RODENT（啮齿动物）；TWO（2）；OWL（鬼鸮）；LYNX（猞猁）。

欧亚驼鹿

我最喜欢的食物：
植物，包括果实和水生植物

我有多重：
380~700千克

我有多大：
肩高可以达到2.1米

和你相比呢？
你可以轻松地躲到我肚子下面

我生活的森林区域：
欧洲、小亚细亚和中亚

我是所有鹿中最大的之一[5]，巨大的蹄子让我能够在雪地上行走。我有两层厚厚的毛，可以保暖，也有利于游泳时在水中漂浮。我们的雄性会用巨大的鹿角相互威胁和打斗。

5. 译者注：欧亚驼鹿是世界第二大的鹿，分布在北美洲和东亚地区的美洲驼鹿体型更大。

鬼鸮

我最喜欢的食物：

田鼠这样的小型哺乳动物

我有多重：

93~215克

我有多大：

长22~27厘米

和你相比呢？

我努力站直勉强够到你的膝盖

我生活的森林区域：

北美洲、欧洲和亚洲

很少有人能见到我，我非常神秘，神出鬼没。作为一只猫头鹰，我个头有点小，所以必须要警惕，躲开可能会捕食我的猛禽。我只在晚上出来，一对黄色的大眼睛能帮助我在黑暗中寻找猎物。

白翅交嘴雀

我最喜欢的食物：

种子

我有多重：

30~40克

我有多大：

长15~17厘米

和你相比呢？

我能站在你的手上

我生活的森林区域：

加拿大、美国北部和欧洲

没错，我知道我的喙看起来有点滑稽，但它就应该是那样的，末端交叉非常适合我从常绿针叶树的球果中夹出种子。大部分时间我会生活在北方针叶林里，有时候实在找不到足够的种子来吃，我就不得不飞去南方。

试一试！

给自己做一只驼鹿脚

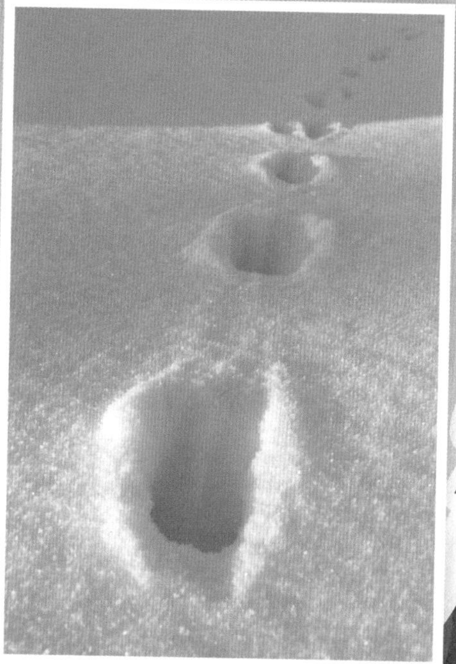

需要的实验物品

- 一个托盘
- 面粉
- 一个空的塑料杯
- 一支铅笔

实验步骤

1. 装填托盘：往托盘中倒入一层面粉，轻轻地将面粉拍平。
2. 踩出大脚印：用塑料杯的杯底当作一只鹿蹄，“走过”面粉。看看这个“鹿蹄”留下的“脚印”的深度。
3. 重铺你的“雪”：重新将面粉轻轻拍平，不要留下原先的“脚印”。
4. 踩出小脚印：用铅笔在面粉上留下“脚印”，用同样的力度，再看看这次踩出的深度。

你学到了什么?

驼鹿的大蹄子将重量分散在更大的表面上，一边走一边将雪踩实，如果同样的重量作用在面积小的脚上，驼鹿脚就会陷得更深。

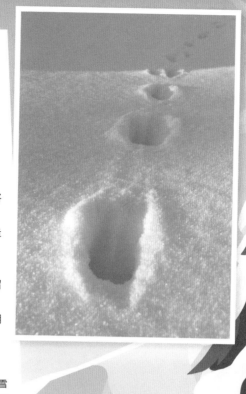

雪球算术

仔细看后面几个雪球，你能找出其中数字的规律吗？那么第一个雪球中间的数字应该是多少？

答案：10。

从树上爬下来：离开森林的时间到了

你喜欢我们这一趟森林之旅吗？我们将要前往下一站，在此之前，检查一下你的头发上有没有沾着树叶或落着蝴蝶。你已经看过了3种不同类型的森林，在每一种森林中也都认识了一些以这些森林为家的生物。由于气候和植物种类的不同，每一种类型的森林都各自有着独特的动物群落。热带森林最丰富多彩，拥有许多著名的丛林物种，而北方针叶林（泰加林）和温带森林也同样拥有迷人的“居民”，你可能需要稍微努力一下才能发现它们。

森林，尤其是热带森林被称作地球之肺。森林中的树木从空气中吸收二氧化碳并释放氧气，地球上所有的动物都需要这些氧气来生存。随着越来越多的森林被人类砍伐，这个珍贵的生态群系和在其中生活的动物们也遭受到威胁。森林是其中许多物种唯一的家园。

一个没有森林的世界将变得无趣和黯然失色。森林需要你，我们越是喜爱森林，越是更多地谈论、关心和保护森林，森林就越有机会延续下去。

试一试！

大家生活在哪里

这里有3个桶：温带森林、热带森林和北方针叶林。把每只动物放进它们生活的森林里，有没有动物剩下了？是否有哪个动物让你觉得这一章的任何一种类型的森林都不是它生活的环境，或是否有哪个动物你也不知道放到哪个森林里最合适？

啄木鸟
驼鹿
大猩猩
丽红眼蛙
河狸
热带森林
北方针叶林

试一试：体验森林动物生活的5个小实验

做一个鸟巢

需要的实验物品

- 一块木板或纸板
- 一些不同粗细的树枝
- 干草
- 苔藓
- 羽毛
- 松针
- 其他任何你能找到的搭建鸟巢的材料

实验步骤

1. 将木板或纸板放在桌上，把它当作鸟巢的底座。
2. 将不同粗细的树枝编成一个环，再用更多的树枝编成一个中间凹陷的碗状的鸟巢，注意不要让它们散开。
3. 创造性地使用更多的材料，把它们编织在一起，放在碗状的鸟巢里面。记住，鸟巢的中心要柔软舒适。

你学到了什么?

这件事是不是不像看上去那样简单？想想看，鸟儿可都没有手，它们也能完成。各种鸟的巢千差万别，有的精致整洁，有的粗糙凌乱；有的很小，有的巨大，但它们都有相同的作用：保证鸟蛋及雏鸟的安稳、安全和温暖。

好用的喙

需要的实验物品

- 一根吸管
- 一把镊子
- 一把剪刀
- 一把钳子
- 大块的棉花糖
- 一杯果汁
- 一小碗砂糖
- 蚯蚓形橡皮糖
- 开心果（如果你对坚果过敏就不用这个）
- 一位可以协助你的成年人

实验步骤

1. 将一杯果汁、棉花糖、开心果和一小碗砂糖放在桌子上，将蚯蚓形橡皮糖埋在砂糖里。
2. 试着用不同的工具来喝果汁、切开棉花糖、打开开心果，还有把蚯蚓形橡皮糖从砂糖中挖出来。
3. 用每种工具尝试取食每种食物，看哪种工具最适合哪种食物。

你学到了什么?

每只鸟的喙都适合取食它们最喜爱的食物。蜂鸟的喙就像是吸管，非常适合吸吮花蜜；鹰用喙撕肉就像用剪刀剪棉花糖一样；美洲雀有力的喙能够像钳子一样钳开坚果；鸫发现了地下的蚯蚓，就用镊子一样的喙将其夹住并拉出来。

隐藏的动物

需要的实验物品

- 一张大白纸
- 白色或彩色的纸
- 颜料、画笔、彩色铅笔或中性笔
- 剪刀

实验步骤

1. 在大白纸上画出热带森林的场景。要包括棕色的树干、绿色的树叶和藤蔓、成片的金色阳光和鲜艳的花朵。
2. 在其他的白纸或彩色纸上画出一些丛林里生活的动物，试着让它们的颜色尽可能接近真实的样子，小心翼翼地将它们剪下来，或请一位成年人帮你剪。
3. 在你的热带森林中移动剪下的动物。它们在哪里最显眼？在哪里能和背景融为一体？

你学到了什么？

容易成为猎物的动物要和它们躲藏的地方融为一体，而捕食者经常也想偷偷地接近、突袭猎物。隐蔽色能够帮助它们隐身于特定的环境背景之中。有些动物的伪装能力非常强，当它们站着不动的时候几乎是隐形的。

森林漫步

需要的实验物品

- 家附近的一片森林
- 你的眼睛和耳朵
- 如果有双筒望远镜，就带上
- 如果有关于野生动物的图鉴、指南和其他书，也请带上

实验步骤

1. 请一位成年人带你去离家最近的森林。
2. 找一个安静的地方站一会儿或坐一会儿，理想的地点是远离人来人往的小路和野餐地点。
3. 尽可能长时间地保持不动和安静，寻找动物的迹象和声音，看看你能听到多少种不同的声音。
4. 如果你有一本野生动物的图鉴或指南，那就翻一翻，试着找出你所看到的或听到的动物的名字，你也可以回家后查一下当地分布的野生动物。

你学到了什么？

起初，森林可能很安静，什么都没有。但每一片森林，无论是热带森林，还是你家附近的一小片林地，都充满了生命。你越是习惯于倾听森林中的声音，就越容易注意到周围野生动物的存在。

做一只蝴蝶

需要的实验物品

- 一袋膨化奶酪零食
- 一片颜色鲜艳的毛毡
- 剪刀
- 一支记号笔
- 彩色的纸和更多的毛毡

实验步骤

1. 在毛毡上画一只手掌大小的蝴蝶，然后把它剪下来。
2. 在它身体的下部剪两个小孔，孔的大小适合你的食指和中指穿过。
3. 在纸上或毛毡上画两朵比蝴蝶稍微大点的花，把它们剪下来。
4. 碾碎一些膨化奶酪零食，将碾碎的粉洒在一朵花的中心。
5. 用你的手指穿过蝴蝶的小孔，你的手指就是蝴蝶的足部，让蝴蝶落在有奶酪粉的花的中间。
6. 让你的蝴蝶飞到另一朵花上，也落在花的中间，现在看一下这朵花，以及当作蝴蝶足部的手指。

你学到了什么？

当蝴蝶或蜜蜂、胡蜂和某些蝙蝠等传粉者落在花上寻找花蜜时，花粉会沾在它们的足部或绒毛上。当它们从一朵花飞到另一朵花上时，就把花粉带了过去，这样就有助于给植物授粉。

生活在荒漠的动物

荒漠是地球上最为干燥的地方，通常一年的降水量不到25厘米。而在一些雨林地区，一个月的降水量就有这么多。当你听到“荒漠”这个词时，可能浮现在脑海中的是沙丘和蒸腾的热浪。这是热荒漠气候的景象。在这样的荒漠中，白天无比炎热，气温可达到38℃，但在夜晚却又极为寒冷。在这种生物群系中生活的任何动物，都必须要能够应对极端的温度，只依靠极少的水就活下来，还要能够在沙子和石头间活动。

很少有植物能够在荒漠中生长，动物也存在激烈的食物竞争。还不仅如此，猛烈的风在荒漠上肆虐，吹开沙丘，扬起沙尘暴。这些荒漠中的动物大多白天在地下休息，晚上出来活动，有些动物演化出尖刺和危险的毒液来保护自己，避免捕食者的攻击。无论它们的体表是毛发、鳞片、羽毛还是尖刺，生活在热荒漠的动物大都是沙子的颜色，这种隐蔽色有利于躲避捕食者或在捕食猎物时不容易被发现。

而另一类荒漠则一直处于天寒地冻的气候中。这听起来很奇怪，但北极和南极冰冻的地貌也可以算是一种荒漠，因为那里很少有降雨或降雪。分布在蒙古国和中国的戈壁地区是地球上最大的荒漠之一。这里也属于冷荒漠，沙石或积雪覆盖着大地。生活在这些荒漠的动物们不需要应对极端的酷热，但它们还是要适应寒冷和缺少食物及水的环境。就像生活在热荒漠中的物种一样，它们具备了适应这极具挑战性的栖息环境的能力，拥有独特的生存策略，不会陷入沙子中并且能应对饥饿和干旱。

荒漠的类型

根据所在的地理位置的不同，荒漠也大不一样。

热荒漠（也叫“热性荒漠”）

环境什么样？

- 终年白天炎热，夜晚寒冷
- 地面都是石头和沙子
- 所有的降水都以雨的形式出现
- 动物会生活在地穴中

冷荒漠（也叫“冷性荒漠”）

环境什么样？

- 夏季温暖，冬季严寒
- 地面都是岩石、沙子或被冰雪覆盖
- 降水大多以雪的形式出现
- 冻土太硬了，不易挖掘地穴

什么是海市蜃楼？这种现象是如何形成的？

海市蜃楼是光的折射和反射形成的现象。当光穿过薄薄的热空气层与较高位置的冷空气层的边界时，它会折射，并把天空的景象反映在沙漠上。对于口渴的人来说，这看起来很像水倒映的光。

画出你的“海市蜃楼”

在荒漠中，特别是在非常炎热时，一些人可能会看到海市蜃楼现象。这种现象发生时，他们感觉能看到水源，或其他东西，但实际只是眼睛欺骗了他们。请完成这张荒漠中的“镜像图片”。看看这是什么动物？

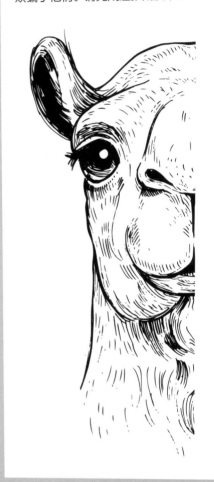

在酷热中生存：生活在热荒漠中的动物

许多最大的和最著名的沙漠都属于热荒漠，包括撒哈拉沙漠、卡拉哈里沙漠、澳大利亚沙漠和阿拉伯沙漠。撒哈拉沙漠是所有热荒漠中面积最大的，覆盖了北非大部分地区。热荒漠主要位于赤道附近，在这里可以体验到极为巨大的日温差。白天的气温经常在38℃左右，而一旦太阳落山，就会迅速降温到-4℃。尽管有着巨大的生存挑战，但从小小的甲虫到大型的哺乳动物，各个类群的动物都能在荒漠中见到。爬行动物通过沐浴阳光来获得热量温暖自己，而鸟类利用热气流在空中盘旋翱翔，也会在地面寻找食物。

荒漠动物的身体适应了它们所生活的环境。少数物种会在白天活动，更多的则在夜晚凉爽的时候出来活动。大多荒漠动物能够很长时间不喝水，可以从食物中获得足够的水分来维持生命。有些动物拥有大大的耳朵来散热保持凉爽，或长有长长的睫毛以防止沙子进入眼睛。也有一些动物拥有大大的脚掌或扁平的身体，避免自己沉陷入沙子中。这里很多动物的外表有利于它们和沙子或岩石的背景融为一体。

如果阳光酷热到难以忍受，许多荒漠动物会躲在地下。有一些会匍匐在岩石下面，更多的则会钻入更深的地穴。一些物种会进行夏眠，类似于冬眠那样，但夏眠是为了避开酷热，而不是严寒。在夏眠期间，动物会进入一种特殊的被称为“蛰眠”（也叫休眠、蛰伏）的状态，进入蛰眠后，它们的身体几乎处于停滞状态，心率和呼吸会变得很慢，身体也不需要太多能量来维持运转。荒漠动物可以蛰眠几周乃至几个月，等待气温下降或雨水来临。

魔蜥

我最喜欢的食物：
蚂蚁

我有多重：
大约85克

我有多大：
包括我的尾巴在内，可以达到21厘米

和你相比呢？
我可以站在你的手上

我生活的荒漠区域：
澳大利亚中部

我长满尖刺的皮肤保护着我，它还能帮我获得水分。每天早晨，我身体表面会沾有很多露水，这些水分会沿着刺中间的缝隙把水送我的嘴里。在我真正的头的后面，还有一个“假头”用来迷惑捕食者。

角响尾蛇

我最喜欢的食物：
啮齿动物

我有多重：
大约250克

我有多大：
长43~76厘米

和你相比呢？
如果你躺着，我有从你的脚到你的臀部或腹部那么长

我生活的荒漠区域：
美国西南部、墨西哥西北部

为了方便在松软的沙地上行动，我蜿蜒身子向侧面爬行。这样，我可以29千米每小时的速度前进，不会打滑，身体也不会过热。在我年轻的时候，我会扭动尾巴使我看上去像一只昆虫，以此吸引蜥蜴以便捕食它们。如今我成年了，更喜欢以小鼠和大鼠这样的啮齿动物为食。

你需要了解的荒漠动物

骆驼可以关闭它们的鼻孔，以防止沙子进入鼻腔。

袋鼠不会出汗，所以它们将唾液涂在手臂上来帮助降温。

主要生活在荒漠中的动物的科学术语叫“旱地动物（Xerocole）”。

蜣螂推动的粪球可以达到它自身体重的数百倍。

有些蝎子可以一整年都不吃东西还继续存活。

大数字

932万

世界上最大的沙漠——撒哈拉沙漠的面积约为932万平方千米，占地球陆地总面积的6%左右。

80.7℃

人类记录到的最高地面温度达到80.7℃，记录地点是伊朗的卢特沙漠和美国亚利桑那州的索诺兰沙漠。

72千米每小时

在北美洲荒漠中生活的黑尾兔奔跑的最高速度达72千米每小时。

7米

快速奔跑中的猎豹跃出的一步的距离为7米。

了解荒漠动物的有趣知识

爬行的角响尾蛇

试着查找一些资料，观看角响尾蛇如何通过爬行在沙子上快速前进。

灵敏的更格卢鼠逃离一只角响尾蛇

试着查找一些资料，观看一只灵敏的更格卢鼠如何以忍者般的动作踢开角响尾蛇逃离。

撒哈拉沙漠的沙猫宝宝

沙猫是这片沙漠中最致命的捕食者，但它们又长得非常可爱。

驼峰的里面

了解骆驼如何利用脂肪在灼热的荒漠中生存。

亚利桑那厚尾蝎

我最喜欢的食物：

昆虫，蜘蛛、小型蜥蜴、蛇，以及其他蝎子

我有多重：

5克

我有多大：

大约长14厘米

和你相比呢？

大约和你的手一样长

我生活的荒漠区域：

墨西哥、美国南部的莫哈韦沙漠和索诺兰沙漠

我是北美洲体型最大的蝎子。白天我待在一个结构复杂的地穴中，到了晚上出来打猎。我身上的毛有助于我感受土壤中的震动，这样我就能发现猎物了。

聊狐

非洲跳鼠

我最喜欢的食物：

种子、禾草、昆虫和真菌

我有多重：

大约55克

我有多大：

长10厘米

和你相比呢？

我可以站在你的手上

我生活的荒漠区域：

撒哈拉沙漠

我长长的腿让我能够跳得很远，到处去寻找食物，以及快速地逃离捕食者。我用尾巴保持平衡，这样就不容易摔倒了。我的大耳朵可以散热，这样我就不会太热了。最热的时候，我会躲在一个螺旋形的地穴里。

我最喜欢的食物：

啮齿动物、爬行动物、鸟类、昆虫、卵和果实

我有多重：

大约1.4千克

我有多大：

不包括我的尾巴在内，雄性大约长39厘米

和你相比呢？

我的头大约够得到你的小腿

我生活的荒漠区域：

撒哈拉沙漠和北非的西奈半岛

我睡在一个在沙子中深挖的地穴里，我的家可以有多达15个不同的入口，这样我能更容易躲开捕食者。我的家族有时候会把地穴都连接在一起，形成一个巨大的地下网络。

词汇找一找

在以下字母阵列中，寻找到一些关于荒漠的英文单词。

SCORPION（蝎子）、SIDEWINDER（角响尾蛇）、JERBOA（跳鼠）、DUNE（沙丘）、SANDSTORM（沙尘暴）、HEAT（热量）、CAMEL（骆驼）

A	T	B	R	Q	M	A	M	L	E	M	A	C	Z
S	C	A	G	H	J	O	N	T	I	R	B	O	Q
R	A	N	S	D	E	R	T	S	F	E	M	V	L
C	J	E	R	D	S	I	B	A	E	F	J	O	P
A	S	C	O	R	P	I	O	N	R	Y	E	N	R
M	E	A	H	G	O	C	Y	D	K	J	R	A	E
O	R	W	B	I	U	L	T	S	I	D	B	E	D
L	E	N	A	C	E	Y	E	T	P	I	O	R	N
D	U	R	S	N	E	K	U	O	C	I	A	J	I
U	H	C	U	G	A	R	M	R	I	N	C	H	W
C	O	D	E	B	H	E	A	M	T	I	O	R	E
I	J	E	B	R	A	W	I	N	D	E	Y	N	D
K	W	Z	O	E	U	Y	P	C	A	G	H	O	I
H	E	A	T	U	Y	U	P	D	O	G	R	Z	S

湿润荒漠：生活在半干旱荒漠的动物

半干旱也就意味着不是完全的干旱。世界上这些被称为“半干旱荒漠”的地方，虽然还是比平均水平干旱很多，但也不像真正的荒漠那样干旱和荒凉。半干旱荒漠一般出现在荒漠旁边，是荒漠和另一种生物群系（比如森林和草原）之间的过渡带，这个过渡带和两侧的生物群系看起来非常不同，在这里，降水刚刚足够少量的树木、禾草和灌木生长。并且在这个区域，降雨是不规律的，在下一次降雨之前，生活在半干旱荒漠的人和其他动物都不得不应对一段很长时间的干旱期。

就像荒漠一样，半干旱荒漠也有热性和冷性两种类型。热性半干旱荒漠在非洲、南北美洲和澳大利亚都有分布，位于赤道附近，与热荒漠或海岸荒漠相邻。澳大利亚内陆很多地方都是半干旱地区，南欧地中海地区的一些地方也被归为半干旱环境。这些地方的气候通常夏季炎热、冬季温暖或凉爽，所以生活在那里的动物需要像真正的荒漠动物一样能够在极端炎热的环境中生存。距离赤道更远的半干旱荒漠地区会更加凉爽，那些地方冬季寒冷干燥、夏季温暖湿润。

在一片半干旱荒漠中能够见到的动物取决于这里是热还是冷。尽管半干旱荒漠和荒漠相邻，但其中生活的野生动物是非常不同的。草叶树的存在意味着会有更多的食草动物，比如鹿、野牛和斑马等动物能够在半干旱荒漠气候中生存下来。相应的，这些食草动物也吸引了狮子、鬣狗、郊狼和豺等捕食者。大部分半干旱地区的动物会迁徙，当气候过于干旱或没有足够的食物时，它们就会前往另一个生态群系。

郊狼

我最喜欢的食物：

我能找到的腐肉或捕捉到的猎物

我有多重：

雄性8~20千克，雌性7~18千克

我有多大：

不包括我的尾巴，长1~1.4米

和你相比呢？

我的头大约够得到你的腰部

我生活的荒漠区域：

广泛分布在北美洲和中美洲，包括半干旱地区

我和狼、豺、狐狸一样，都是犬科的成员。我喜欢在夜晚狩猎，但有时白天也能见到我。我擅长跳跃，可以跳一米高，能跨过高高的围栏。

我最喜欢的食物：

花蜜和花粉

我有多重：

300~600克

我有多大：

大约长20厘米，翼展可以达到0.9米

和你相比呢？

我的身体大约和你的前臂一样长，也就是从你的手肘到手腕的长度

我生活的荒漠区域：

澳大利亚北部和东部

尽管我名字里有个“狐”，但我和狐狸可不是亲戚。不过我觉得我的脑袋长得有点像狗，而且有时也会发出类似狗吠的声音。我会飞跃不同的区域，在不同的生物群系中寻找花蜜，不知不觉中，我也给花传了粉。

岬狐蝠

填空题

将黄色方块中的词填到空白处，补完下面的10个句子。

1. “半干旱”意味着不是完全的________。
2. 郊狼是________科的一员。
3. 为了抵御攻击者，板蛇会发出________，会________对方，并且释放一种难闻的________。
4. 半干旱地区距离________越近，就会________。
5. 苏卡达陆龟居住在________中。
6. 在________最炎热的一段时间，板蛇会变成________动物来躲避炎热。
7. 半干旱地区通常与________相邻。
8. 澳大利亚________的很大一部分属于半干旱地区。
9. 郊狼通过________和________获得食物。
10. 一些动物会在半干旱地区和其他________之间往返________。

干旱　夜行性　犬

嘶嘶声　地穴　咬

气味　越热

食腐　夏季

赤道　迁徙　荒漠

内陆　生物群系　捕猎

答案：干旱；犬，嘶嘶声，咬，气味；赤道，越热；地穴；夏季，夜行性；荒漠；内陆；食腐，捕猎；生物群系，迁徙。

数字搜寻

你能在数字阵列中找到下面的这些数字吗？

280： 西班牙的半干旱荒漠塔韦纳斯沙漠的面积约为280平方千米。

2000： 一群岬狐蝠可以包括2000只个体。

3 053 200： 萨赫勒半干旱地区的面积约为3 053 200平方千米。

49： 郊狼在美国49个州都有分布。

1766： 红腿叫鹤首次被科学描述和命名是在1766年。

120： 苏卡达陆龟的卵孵化平均需要120天。

3	7	2	5	9	6	0	8	7	1	5	4	8	1	0
4	7	6	6	5	0	6	9	2	1	4	8	9	4	5
3	6	2	7	9	3	6	9	0	2	6	8	7	1	0
2	8	4	6	3	9	0	1	2	5	8	7	2	1	8
9	2	6	5	2	7	0	2	6	9	3	2	6	7	4
4	0	2	6	7	1	1	0	3	4	8	5	4	2	3
3	1	0	3	4	4	8	9	0	0	1	2	9	4	3
0	1	4	8	7	3	9	2	2	1	0	4	9	8	5
3	2	7	0	0	1	8	5	4	8	3	6	4	2	7
7	8	2	8	5	5	2	8	9	1	7	6	6	3	2
0	0	2	8	8	3	0	5	6	6	2	0	1	7	4
9	9	9	0	1	5	0	2	6	8	3	5	2	8	6
0	1	5	3	2	8	0	9	7	8	5	6	3	4	9
1	1	2	6	4	5	0	9	2	3	0	8	6	7	3
8	6	9	7	0	4	5	7	2	3	0	6	5	4	1

红腿叫鹤

我最喜欢的食物：
昆虫、小型无脊椎动物、小型脊椎动物，以及植物

我有多重：
1.5~2.2千克

我有多大：
高60厘米

和你相比呢？
我站着大概有你身高的一半高

我生活的荒漠区域：
广泛分布于南美洲

比起飞，我更喜欢走；为了逃离危险，我可以以24千米每小时的速度全力奔跑，只有在必要的时候才飞起来。为了发出我那不一般的叫声，我要费很大的力气，把脖子努力向后弯折，我的头都能碰到我的背了。为了打动雌鸟，我们雄鸟会把冠羽高高耸立，在雌鸟面前昂首阔步，来回炫耀自己。

格格不入

下面的动物里哪一只与其他的动物格格不入，不是生活在荒漠中？

答案：獾。

苏卡达陆龟

我最喜欢的食物：
禾草和其他植物

我有多重：
重量可达100千克

我有多大：
长度可达80厘米

和你相比呢？
我的龟壳最高的地方能到你的膝盖

我生活的荒漠区域：
撒哈拉沙漠和撒哈拉沙漠南部半干旱的萨赫勒地区

我是地球上体型第三大的陆龟。我以禾草和其他植物的叶子为生，能够活到70岁。为了躲避炎热，我会在地下的地穴中生活。我们物种的雌性会挖掘一个地洞，在其中产卵。

扳蛇

我最喜欢的食物：
小鼠和鼩鼱等小型哺乳动物

我有多重：
大约250克

我有多大：
长度可以达到1.6米

和你相比呢？
可能比你的身高还要长

我生活的荒漠区域：
欧洲西南部

我通常在白天活动，但在夏天最热的一段时间，会变成夜行性动物。我主要吃哺乳动物，但也会爬上树去捕食鸟类。为了抵御捕食者，或试图把我抓起来的人，我会发出威吓的“嘶嘶”声，还会咬捕食者，以及释放一种令人讨厌的气味。

仙人球算术

仔细看前面几个仙人球，你能找出其中数字的规律吗？那么最后一个仙人球中间的数字应该是多少？

答案：14。

在海边：生活在海岸荒漠的动物

虽然位于一个巨大的水体旁边，但海岸荒漠的土地依然非常干旱。这种类型的荒漠通常位于各大陆的西海岸。生活在海岸荒漠的动物也许可以在水中捕食或降温，但很少能够饮用海水。大部分的物种需要淡水，在海岸荒漠和在其他类型的荒漠一样，要找到淡水很不容易。面积最大的两个海岸荒漠是非洲南部的纳米布沙漠和智利海岸的阿塔卡马沙漠。阿塔卡马沙漠是地球上除南北两极外最干燥的地方。它的年平均降水量不到2厘米。到目前为止，它的核心地带已经数百米年没有降雨了。

寒冷的洋流和海风意味着海岸荒漠的天气状况的变化比内陆荒漠更加频繁，且气温也要更低。正是这些寒流造就了海岸荒漠：云层在经过寒冷的海域上方时被冷却，因此大部分水分在到达陆地之前就以雨水的形式落入海洋。少量通过海洋的水汽经常以浓雾的形式席卷海岸荒漠，而炎热的正午阳光很快就将其蒸发殆尽。

在海岸荒漠旅行，你会见到几种蜥蜴、蛇及一些无脊椎动物，比如甲虫和蝎子。猫头鹰和兀鹫等鸟类会在头顶飞过，它们在这里寻找猎物或动物尸体。你甚至有机会遇到几种哺乳动物——阿根廷狐是阿塔卡马地区为数不多的哺乳动物之一，而在非洲的海岸荒漠中，还有猎豹、疣猪、黑犀牛甚至是大象。除了沙丘，海岸荒漠也有一些岩石海滩或沙滩，生活在这些荒漠地区的一些动物与相邻的水生生物群系中的动物会有一些交集。

侏咝蝰

我最喜欢的食物：
蜥蜴

我有多重：
不到20克

我有多大：
长20~25厘米

和你相比呢？
大概有你的手臂一半那么长

我生活的荒漠区域：
纳米布沙漠

我是一名伏击型猎手，在环境严酷的沙漠中生存。捕猎时我会爬进沙子，只把眼睛和尾巴尖露出来。当一只蜥蜴跑过我藏身的地方时，我猛地跳出来，给它注射毒液。

秘鲁企鹅

我最喜欢的食物：
鱼

我有多重：
3.6~5.9千克

我有多大：
长56~70厘米

和你相比呢？
我站着大约够得到你胸口

我生活的荒漠区域：
阿塔卡马沙漠沿岸的海域和海滩

我将很多时间花在潜入海中捕鱼上，但你也能见到我在海岸上蹒跚而行。为了吸引配偶，我会表演热情的舞蹈，鞠躬，拍翅，还发出驴子般的叫声。当雌性要产卵时，我们中有一些家伙就会在厚厚的海鸟粪上挖一个凹坑作为巢。

雾拟步甲

我最喜欢的食物：
腐烂的植物

我有多重：
几乎称不出来重量

我有多大：
最大的长2厘米

和你相比呢？
像你小手指指尖那么长

我生活的荒漠区域：
纳米布沙漠

我发现了一个在沙漠中收集水分的好办法，通过在雾气中沐浴，直接从空气中喝水。我光滑的身体上有一些凹槽，如果我头朝下把身体竖起，背对着海岸的方向，雾气会从背面席卷而来，水就会在我身上凝结，并滴到我的嘴里。

阿根廷狐

我最喜欢的食物：
小型哺乳动物

我有多重：
2.5~5.5千克

我有多大：
包括我的尾巴在内，长65~110厘米

和你相比呢？
我的头大约够得到你的大腿

我生活的荒漠区域：
阿塔卡马沙漠

实际上我根本不是狐狸，我是一只"伪狐"，我与狼和胡狼的亲缘关系更接近。我最喜欢的猎物是啮齿动物，但我并不挑剔。如果没有哺乳动物供我捕捉，我也会开心地吃鸟、鸟蛋、昆虫、爬行动物，甚至是果实。

我最喜欢的食物：
昆虫是我们的主食，对于蜘蛛、蝎子、小蜥蜴也来者不拒

我有多重：
0.6~0.9千克

我有多大：
不包括我的尾巴在内，长24~35厘米

和你相比呢？
我大概够得到你的膝盖

我生活的荒漠区域：
非洲南部，包括纳米布沙漠和卡拉哈里沙漠

我们通常一家人一起生活在地下的洞穴里，你常会看到我们在洞口玩耍。当然，要有哨兵负责站岗，一旦发现危险，就通知大家赶紧回洞里躲藏。沙漠中的夜晚很寒冷，所以当清晨的太阳升起，我们都会从洞里出来，站好了把身体晒暖。

细尾獴
（俗称"猫鼬"）

猜一猜

看看你对海岸荒漠了解了多少？

以下这些荒漠中，哪些是世界上最大的海岸荒漠？
A. 撒哈拉沙漠和阿塔卡马沙漠
B. 阿塔卡马沙漠和纳米布沙漠
C. 纳米布沙漠和戈壁

是什么造就了海岸荒漠？
A. 寒冷的洋流
B. 温暖的风
C. 冰冷的雨

你在阿塔卡马沙漠的海滨能够找到哪种企鹅？
A. 秘鲁企鹅
B. 帝企鹅
C. 阿德利企鹅

为什么海岸荒漠的动物不能直接饮用海水？
A. 海水太冷
B. 浪太大
C. 盐度太高

阿根廷狐和谁是最近的亲戚？
A. 北极狐
B. 狼
C. 灰狐

答案：B，A，A，C，B。

帮助这只阿根廷狐穿过沙漠中的迷宫，找到看海的路吧！

呼吸冻结！生活在冷荒漠的动物

许多人认为撒哈拉沙漠是世界上最大的荒漠。从某种角度来说，他们是对的，那里确实是世界上最大的有炽热的阳光、沙丘和仙人掌植物的荒漠，但世界上真正的最大荒漠是南极洲，紧随其后第二大的是北极。虽然不同的科学家对于这个问题有一些争议，但它们经常被归类为冷荒漠，因为这里极端干旱，只是没有极端酷热。按这个排序，第三大的冷荒漠是戈壁，覆盖了东亚近130万平方千米，其余面积较大的冷荒漠是阿根廷的巴塔哥尼亚荒漠和美国的大盆地沙漠。

冷荒漠地区夏季也比较热，而冬天更是寒冷：戈壁冬季的温度在-40℃左右，而北极地区则可以达到-54℃。除南北极之外，其余的冷荒漠地区通常海拔都很高，紧邻高耸的山脉。如果不是深入探查，这些地方也许看起来空旷且荒凉，但野生动物还是拥有适应这里严酷的自然环境的策略。生活在冷荒漠中的哺乳动物，比如北极狐和双峰驼，在冬季会换上一身厚厚的毛，然后夏季再脱去厚厚的毛。一些蛇和蜥蜴已经演化出应对寒冷的手段，但缺水意味着你不会在这里见到多少两栖动物。在赤道以南的有些冷荒漠能够见到企鹅这样的鸟类，其他冷荒漠的鸟类则包括了鹰、猫头鹰、在地面筑巢的鸟类和海鸟，它们中有一些会迁徙往返于冷荒漠和更温暖的生物群系之间；你不用太担心在冷荒漠会遇到蝎子，但在伊朗的冷荒漠除外。你可能会见到的无脊椎动物包括各种蚊蝇、格陵兰草毒蛾——你会见到它们长有密密的毛，它的英文名字Arctic wooly bear意思是“北极棉熊”，听上去还挺可爱的。

荒漠项圈蜥（也叫“荒漠环颈蜥”）

我最喜欢的食物：
昆虫和蜘蛛等无脊椎动物

我有多重：
大约5克

我有多大：
不包括我的尾巴在内，长6.4~11.4厘米

和你相比呢？
我可以趴在你的手上，不过我的尾巴可能会悬在边上

我生活的荒漠区域：
美国大盆地沙漠，以及莫哈韦和索诺兰沙漠

我只生活在美国西部的沙漠中，主要以节肢动物为食，节肢动物是包括蜘蛛和昆虫在内的一类无脊椎动物。但有时候我也会吃植物、蛇、其他蜥蜴，甚至啮齿动物。

我最喜欢的食物：
鱼
我有多重：
22~45千克
我有多大：
身高达1.2米
和你相比呢？
大约和你一样高
我生活的荒漠区域：
南极洲

即使拥有一身又密又厚的羽毛和一层脂肪，也抵不过南极内陆的寒冷，所以我们挤在一起取暖。我在陆地上看起来行动笨拙，但我是身体呈流线型的游泳高手。我可以屏住呼吸20分钟，潜入水下490米的深度。

帝企鹅

穴小鸮

我最喜欢的食物：
白蚁和蟋蟀
我有多重：
140~240克
我有多大：
长19~28厘米
和你相比呢？
我站起来大约够得到你的小腿
我生活的荒漠区域：
阿根廷的巴塔哥尼亚荒漠，美国和南美的荒漠地区也有分布

没有树可以筑巢，我就利用其他挖洞动物留下的地穴安家。我捕猎的方式是猛扑下来，或利用一双长腿追逐它们。有时我会收集动物粪便，将其放在我的洞穴外面来吸引蜣螂。

试一试！

走出企鹅步伐

需要的实验物品

- 一个塑料球
- 一位朋友

实验步骤

1. 让球平衡：小心地将塑料球放在你的两只脚的脚背中间，使其在中间平衡。
2. 夹住“企鹅蛋”：现在试着走动，你能在“企鹅蛋”不掉下来的情况下向前走吗？
3. 把球传给另一只企鹅：看你能不能不用手把塑料球传到你朋友的脚背上。

你学到了什么？

为了保证蛋的安全和温暖，帝企鹅将蛋放在脚背上，使其不接触冰面，并且用它们腹部下面的皮肤褶皱盖住蛋。雌企鹅会小心翼翼地将蛋传递给配偶，这样它在外出为家人寻找食物的几周时间里，由配偶来照顾蛋。

双峰驼

我最喜欢的食物：
各种植物
我有多重：
300~1000千克
我有多大：
长度达3.5米
和你相比呢？
你能够到我脖子中间
我生活的荒漠区域：
东亚的戈壁

水很难找，有时候我会吃雪来获得生存所需的水分。当找到一个水塘时，我一次可以喝下超过55升的水。我坚韧的嘴能吃下遇到的任何植物，哪怕那植物长满尖刺。

格陵兰草毒蛾（北极草毒蛾）

我最喜欢的食物：
叶子
我有多重：
几乎称不出重量
我有多大：
大约长3.8厘米
和你相比呢？
还没有你的小手指长
我生活的荒漠区域：
北极

其他毛毛虫在孵化几周后就会变成蝴蝶或飞蛾，而我可以保持毛毛虫的状态达7年之久。当我最终化蛹再羽化成成虫，我只有一个月的时间来交配和产卵，然后我的生命就结束了。

你会是冷荒漠里的哪种动物？

你在天冷的日子如何保暖？

A. 穿上一件暖和的外套
B. 找一个温暖的屋子待着
C. 和朋友相拥取暖
D. 待在床上等待寒冷过去

你有多高？

A. 很高
B. 有些矮
C. 我这个年龄的平均身高
D. 非常小巧

你会选择哪种超能力？

A. 很久很久不吃东西也不喝水，依然能够活下来
B. 飞行
C. 游泳非常快
D. 变形

你最想去哪个冷荒漠旅行？

A. 戈壁
B. 巴塔哥尼亚荒漠
C. 南极
D. 北极

你爱好社交吗？

A. 我喜欢花很多时间和少数朋友待在一起
B. 得看我的心情怎么样
C. 我喜欢作为一个大群体里的一员
D. 我需要许多时间独处

如果你是一只动物，你希望自己吃什么？

A. 带刺的植物
B. 昆虫
C. 鱼
D. 叶子

如果你的答案

A

A选项最多，那么你是一只双峰驼

你有双峰驼的精神，无论遇到什么挑战，都能找到办法应对，继续前行。你很坚强，也很有毅力，但即使是最坚强的动物也要每隔一段时间休息一下，不要忘记停下来补充能量，无论是吃东西、娱乐还是休息。

B

B选项最多，那么你是一只穴小鸮

你有自己做事的方式，并且对你来说这种方式最有效。就像穴小鸮一样，你喜欢和别人待在一起打发时间，也喜欢花一些时间独处。当天气变坏或受到惊吓时，你希望能够有个安全的地方可以待着。

C

C选项最多，那么你是一只帝企鹅

就像帝企鹅一样，如果没有一群朋友，你将无所适从。也许你想潜入海洋深处，但好像用肚子在冰上滑行更加有趣。无论如何，你会选择像企鹅一样度过你的时光，你知道你的朋友将伴你左右。

D

D选项最多，那么你是一只格陵兰草毒蛾

寒冷的天气让你昏昏欲睡，但你满足于现在的生活。有时候，你生活中的事情似乎进展得比较缓慢，但这一切都是为了一些惊人的变化做准备。就像格陵兰草毒蛾的幼虫一样，你知道只要方向正确，就没有必要着急。

再见了，荒凉的大地……离开荒漠的时间到了

我们喝上一杯饮品，擦去汗水，向荒漠生物群系挥手告别。这里并没有想象中那样荒凉，不是吗？荒漠中的生活是艰难的，无论是热荒漠、冷荒漠、海岸荒漠还是半干旱荒漠，但生活在其中的动物找到了应对缺水、植物少、地质环境恶劣和气温极端的办法。你见到了生活在地下洞穴中的动物和只在晚上活动的动物，也见到了动物在荒漠中一些不同的活动方式、觅食方式。

目前地球上1/3的陆地被荒漠所覆盖，但在未来，这一比例可能会更大。气候变化正导致一些地方的降水量减少，许多半干旱地区和草原地区可能会变成荒漠。这个过程被称为荒漠化（Desertification）。虽然这意味着我们刚刚认识的这些荒漠动物有了更多的栖息地，但如果其他生物群系的动物家园变成了岩石和沙子，那可能是一场灾难。我们希望，在荒漠化过度发生之前，我们能够找到更好的办法来照顾这个星球，这样我们就可以在未来很长一段时间内都能观赏到荒漠中的神奇生物和它们的邻居们。

试一试！

它们都是谁？

右边是一些字母被打乱的动物的英文单词，将字母重新排列，看看它们是这个章节中的哪种动物？它们生活在哪种荒漠呢？

字母排排看

ENEXCONFF

A ------------------------------

TECYOO

A ------------------------------

ORJEBA

A ------------------------------

RONWBGURI LWO

A ------------------------------

LEMCA

A ------------------------------

YTRHON DLIEV

A ------------------------------

DRNKLIAG LBETEE

A ------------------------------

UBMTDLHO NPEGNUI

A ------------------------------

NSRDEIWDIE

A ------------------------------

ITLLET RDE IGLFYN XFO

A ------------------------------

答案：FENNEC FOX（耳廓狐）；JERBOA（跳鼠）；CAMEL（[illegible]）；SIDEWINDER（[illegible]）；COYOTE（郊狼）；BURROWING OWL [illegible]；HUMBOLDT PENGUIN（[illegible]）；LITTLE RED FLYING FOX（[illegible]）。

试一试：体验荒漠动物生活的5个小实验

在沙漠中保持凉爽

需要的实验物品

- 一个至少25厘米深的水桶或箱子
- 足够填满水桶或箱子的沙子
- 一个温度计
- 找个阳光明媚的日子

实验步骤

1. 早上，在水桶里或箱子里装满沙子，尽量装满但又不能溢出来。
2. 将水桶或箱子放到一个一整天都能晒到太阳的地方，然后离开。
3. 检查表面温度：在下午，带上你的温度计，把温度计的末端插入沙子，保持一分钟，然后读取温度。
4. 检查深处的温度：现在将温度计尽可能推到深的地方，放置一分钟，然后再读取一次温度。

你学到了什么？

你可能发现了，表面的沙子比深处的沙子要热得多，这是因为表面的沙子晒在阳光下，吸收了大部分的热量。这就是为什么很多荒漠动物会挖掘很深的地穴，这样它们可以在一个凉爽的地方待着。

给自己做一个迷你沙漠

需要的实验物品

- 一个碗、花盆或深盘
- 几个小仙人掌或多肉植物
- 小石头或卵石
- 多肉种植土或混合土
- 沙子
- 厚园艺手套
- 水

实验步骤

1. 放卵石：在你的容器底部放一些小石头或卵石，这样有助于水排出土壤。
2. 接下来在石头上添加一层种植土，轻轻地拍平，但不要压实。
3. 戴上手套，小心翼翼地把植物种在土里。将根埋入土中，并轻轻拍打周围的土壤。
4. 装饰沙漠。在土壤上撒一层沙子，尽量不要让植物的叶子沾上沙子，再用石头和卵石点缀。
5. 将你的迷你沙漠放在阳光充足的窗台上，并给土壤浇水。以后，只要土壤完全干透，就给植物浇一次水，大概每周一次。

你学到了什么？

你可能注意到了，你的小小沙漠植物拥有相当长的根系。想象一下高大的仙人掌的根有多长。你很快就会发现，你的植物只需要一点点水就可以存活。它们会把水储存在体内，所以一些不怕尖刺的荒漠动物就会吃这些植物来获得水分。

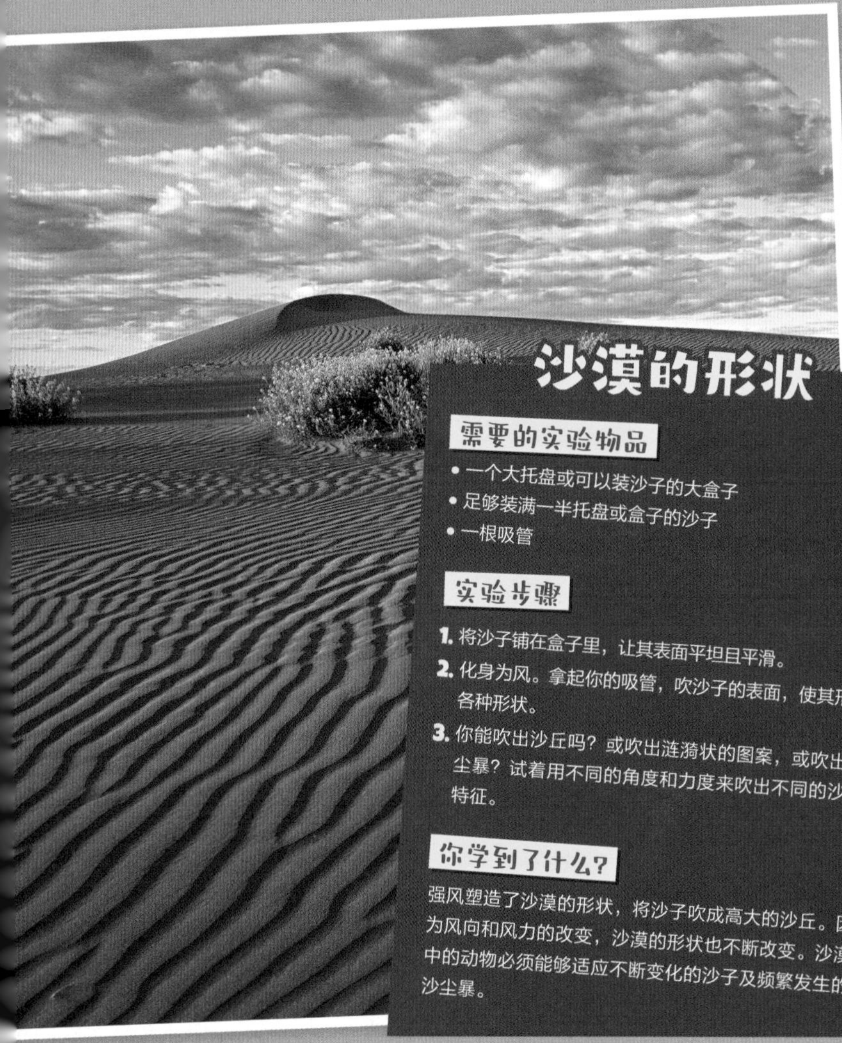

沙漠的形状

需要的实验物品

- 一个大托盘或可以装沙子的大盒子
- 足够装满一半托盘或盒子的沙子
- 一根吸管

实验步骤

1. 将沙子铺在盒子里，让其表面平坦且平滑。
2. 化身为风。拿起你的吸管，吹沙子的表面，使其形成各种形状。
3. 你能吹出沙丘吗？或吹出涟漪状的图案，或吹出沙尘暴？试着用不同的角度和力度来吹出不同的沙漠特征。

你学到了什么？

强风塑造了沙漠的形状，将沙子吹成高大的沙丘。因为风向和风力的改变，沙漠的形状也不断改变。沙漠中的动物必须能够适应不断变化的沙子及频繁发生的沙尘暴。

蛇的卵有多软？

需要的实验物品

- 一个鸡蛋
- 一个杯子、碗，或广口瓶
- 醋
- 一把勺子
- 纸巾

实验步骤

1. 小心地将鸡蛋放在杯子、碗或广口瓶底，注意不要碰碎它。
2. 将醋倒入杯中，直至完全没过鸡蛋。
3. 让鸡蛋在醋里浸泡一晚上。
4. 第二天用一把勺子轻轻地把鸡蛋舀出来，用纸巾轻轻地拍打擦拭，让其表面干燥。
5. 看看发生了什么。轻轻地感受鸡蛋的表面，并在手里滚动它。不要太用力，否则鸡蛋会破。

你学到了什么？

不需要真的去找一个蛇的蛋来感受，这个鸡蛋已经十分接近蛇蛋的质感。大多数蛇产的蛋会比较柔软，蛋壳有皮革或橡胶的质感。与鸟类不同，蛇类不会趴在蛋上为其保暖孵化，大多数蛇一旦把卵产下并埋在土里或沙子里后，它们就会离开。

设计你的荒漠生物

需要的实验物品

- 纸
- 彩色铅笔
- 本书的这一章节
- 你的想象力

实验步骤

1. 挑选特征。回顾这一章的内容，如果你愿意，也可以查阅其他荒漠动物的资料。从中挑选你最喜欢的特征。
2. 创造你的荒漠动物。结合几种荒漠动物适应荒漠的能力，画一个新物种。别忘了给它起个名字。
3. 写下关于你创造的荒漠动物的介绍，就像这本书里的那些介绍一样。这种动物吃什么？它如何行动？住在哪里？它有多大？

你学到了什么？

动物在荒漠中有很多种不同的生存方式。你挑选出你最喜欢的特征并创造了一种新的生物。虽然这种生物可能不是现实存在的，但如果它存在，你一定要相当确定它做好了准备，能够面对荒漠生活的种种挑战。

生活在冻原的动物

地球上大约有1/5的土地是冻原。大多数冻原分布在地球上最北的地区，主要分布在加拿大、美国的阿拉斯加州、俄罗斯、冰岛、格陵兰和斯堪的纳维亚半岛（北欧）。冻原是所有生物群系中最寒冷的，冬季白天的平均温度为-28℃。在夏季，温度可以上升到12℃左右。冻原可以分为两种主要类型：位于高海拔山地岩石环境中的高山冻原，以及位于北极圈周围平坦又荒凉的极地冻原。

冰天雪地的低温、强风和低日照使得植物很难在这种生态群系中生长。这里的降水非常少，并且大部分是以雪的形式出现。少数在冻原能够生长的植物是矮小而坚韧的灌木、欧石南和苔藓。在这个生物群系中，你几乎见不到任何乔木。一年中大部分时间或全年土壤都是冻结的，严重依赖根系的植物很难生长。由于天气恶劣、植被稀少、地面太硬、难以挖洞，所以对动物来说，这是一个难以生存的地方，但还是有一些生物演化出应对这里环境的能力。

在夏季，一些地面上的冰和积雪融化了，这些水足以在一定的区域形成湖泊、溪流、泥沼和草沼。当水出现时，鸟类也会出现，数以百万计的鸟在春季和夏季迁徙到冻原，一些鸟迁徙数千千米，与同类聚在一起，以在水中繁殖的昆虫为食。这些临时的冻原居民包括了雪雁和北极燕鸥。当这些夏季的访客离开去往更温暖的地方时，只有少数鸟还留下来，此外还有近50种哺乳动物和一些鱼也会留在本地。冻原上最容易辨认的哺乳动物是驯鹿、北极狐和北方兔，这些动物都拥有密而厚实的皮毛来保护自己抵御寒冷。

试一试！
冻原是一片冰天雪地。和你的朋友或家人讨论一下，你们认为生活在冻原的动物的毛发或羽毛应该是什么颜色？

方格拼图

将下面左侧方格中的图案重新排列，画在右边的空白方格中，你能看出图中是哪种动物吗？

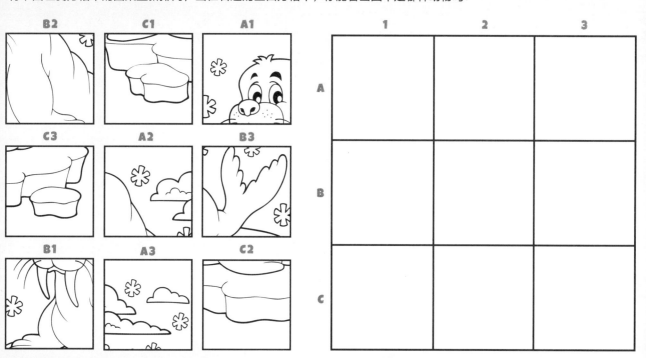

	1	2	3
A			
B			
C			

生活在极地冻原的动物

极地冻原大多分布在北半球的北极圈内，比北方针叶林更靠北，但又没有到达真正的北极地区。这里的土壤全年都是冰冻的，被称为“永冻层”。在这里生长的植物都是禾草、苔藓这样非常矮小且根很短的物种，在这里是见不到树木的。北极冻原的冬季黑暗又非常寒冷。夏季光线充足且气候温和，但又并没有温暖到可以让地面上的冰全部融化的程度。

极地冻原和泰加林有一些相同的动物，例如这两个群系中都生活着狼、野兔和狐狸，但也有一些物种只生活在冻原。虽然泰加林区有很多像是猫头鹰这样的猛禽和交嘴雀这样以种子为食的鸟，但冻原上大多数的鸟是海鸟。它们通常只在夏季停留，在这个时节冻原上能觅食到足够的昆虫和鱼。极地冻原也是驯鹿和北极熊等一些著名的耐受寒冷气候的生物的家园。

生活在这里的哺乳动物拥有厚厚的毛发或脂肪层，这样有利于保暖。一些动物会随着季节的变化而改变毛发或羽毛等的颜色，以便伪装隐藏。在极地冻原上，有一类动物你肯定找不到，那就是企鹅。圣诞贺卡上可能会把企鹅和北极熊画在一起，但在现实的自然界中它们并不会相遇。偏好寒冷环境的企鹅生活在地球的另一端——南极。

由于地球气候的变化，一些极地冻原的动物现在已经濒临灭绝。全球气温升高意味着它们生存变得越来越困难，一方面是它们已经适应了极度寒冷的环境，另一方面则是它们中许多物种需要海冰，而海冰正在融化。海象需要在海冰上繁殖和休息，北极熊在海冰上狩猎，此外漂浮的海冰还能让动物从一个岛屿去到另一个岛屿。

雪鸮

我最喜欢的食物：

昆虫、小型无脊椎动物、小型脊椎动物，以及植物

我有多重：

雄性大约1.7千克，雌性大约2.1千克

我有多大：

长54~71厘米，雌性的翼展可以达到1.8米

和你相比呢？

我站着的时候头大约可以够到你的大腿

我生活的冻原区域：

主要为美国的阿拉斯加州、加拿大和欧亚大陆的环北极地区

我是世界上体型最大的猫头鹰之一，也是唯一拥有一身白色羽毛的猫头鹰。和其他猫头鹰不同的是，无论白天还是夜晚，我都会出来捕猎。我常常贴着地面飞行，用利爪抓捕小型哺乳动物和鸟，并通常将它们整个吞下。

大数字

100万

世界上最大的一群驯鹿曾经有100万头左右。

744千米

人类已知北极熊在海中连续游的最远的距离为744千米，中间不停下来休息。

80千米/小时

雪鸮飞行的最快速度达到80千米每小时。

1米

一头雄性海象的上颚犬牙的最大长度为1米。

我最喜欢的食物：

禾草

我有多重：

180~410千克

我有多大：

雄性长2~2.5米

和你相比呢？

你大概到我的肩膀

我生活的冻原区域：

美国的阿拉斯加州、加拿大和格陵兰岛等环北极地区

我生活在一个共同行动的群体中，我们一群麝牛可以多达24只。我们的小牛经常成为饥饿的狼群的目标，当遇到危险时，成年麝牛会头朝外围成一圈，把小牛保护在中间。我们一圈对外的大角就把小牛保护了起来。

麝牛

单词轮盘

给自己规定一个时间，看看在这个时间里你能用轮盘中的字母组成多少个单词？如果组成的单词与极地冻原的动物相关，那就给自己加一分。你能用这9个字母组成一个冻原动物的英文名字吗？

试一试！

脂肪有什么用？

需要的实验物品

- 至少两个塑料袋
- 黄油或其他类型的起酥油
- 一碗水
- 冰块

实验步骤

1. 准备冰块：在你准备好所需的物品之后，将一些冰块放入一碗水中。
2. 准备黄油：舀一大勺黄油放入其中一个塑料袋中，然后将袋子压扁，使黄油分散在袋子里，如果你不想弄得满手都是黄油，在这个袋子里再放入另一个塑料袋，隔开黄油。
3. 将手伸入塑料袋中：将一只手伸进装黄油的塑料袋（如果有内层的塑料袋就伸入内层塑料袋），另一只手伸入空塑料袋。
4. 试试感觉：把两只套着塑料袋的手都伸入冰水，感觉一下。

你学到了什么？

你的两只手在冰水里的感觉是不同的：在装了黄油的塑料袋里的那只手应该感觉更暖和。这就是北极熊、海豹、独角鲸和海象在北极地区保暖的方法之一。它们有着厚厚的被称为“海兽脂”的脂肪层（鲸的通常被称为“鲸脂”），这些脂肪起到了“绝缘体”的作用，将寒冷隔绝在体外。

海象

魔法数字阵

你能计算出这些魔法数字阵里都要填什么数字吗？记住，每一行、每一列和每个对角线的3个数字加起来的和都要等于数字阵上列出的那个数字。

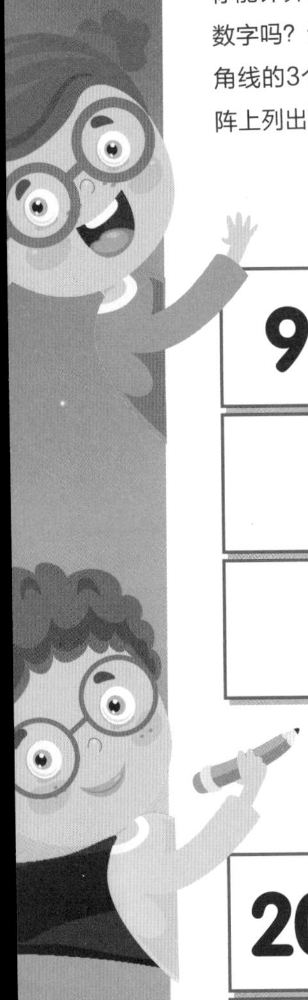

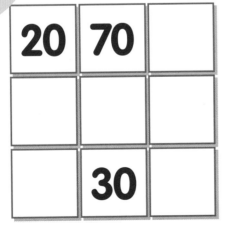

总和是36

9		
		10
		15

总和是150

20	70	
	30	

我最喜欢的食物：
虾和贝类等海洋生物

我有多重：
雄性通常重800~1700千克

我有多大：
长2.2~3.5米

和你相比呢？
我抬起头可以平视你的眼睛

我生活的冻原区域：
北极地区的冰面、海岸和水中

我有长长的上颚犬牙，能够在冰面上凿洞，也能保护自己不受北极熊和虎鲸的伤害，还能和其他海象战斗。当我在水下时，我的胡须能够帮助我感觉周围，寻找食物。在我那满是皱纹的皮肤下面，有一层厚厚的脂肪，它能够让我保持温暖。

北极熊

我最喜欢的食物：
海豹

我有多重：
雄性350~700千克

我有多大：
雄性长2.4~3米

和你相比呢？
我站立的时候，你大约够得到我的肩膀

我生活的冻原区域：
北极地区的陆地和水中

我是地球上最大的陆生食肉动物。为了保持身体温暖，我有着厚厚的毛发和一层厚厚的脂肪，还有黑色的能够吸收阳光热量的皮肤。我能在陆地上活动，也能在水中游泳，我会到处寻找食物。我的嗅觉十分灵敏，在16千米之外就能够发现猎物。

北极燕鸥

我最喜欢的食物：
鱼

我有多重：
85~128克

我有多大：
长28~39厘米

和你相比呢？
我的翼展大约是你胸口的两倍宽

我生活的冻原区域：
夏季在北极圈

每年春天，我都会来到北极的极地冻原繁殖，但到了北极的冬天我就飞去南极洲（那里是夏天）。这意味着我每年往返的距离长达90 000千米，这是地球上所有动物中迁徙最长的距离。我一生飞过的距离是地月距离的6倍。

词汇找一找

在以下字母阵列中，隐藏着一些关于北极和生活在北极的动物的单词，你能找到它们吗？哪一种北极地区的动物是你最喜欢的？

TUNDRA（冻原）、REINDEER（驯鹿）、OWL（猫头鹰）、TERN（燕鸥）、HARE（野兔）、WALRUS（海象）

F	H	D	I	I	F	M	Q	L	D	W	P	A	F	E
T	D	X	S	O	R	I	Y	H	S	X	T	C	A	Y
I	J	L	R	N	C	B	Q	H	A	R	E	U	I	P
T	L	N	E	M	C	R	E	H	G	A	R	S	Z	L
P	U	I	I	E	S	W	A	D	H	E	N	R	K	J
S	L	N	N	M	C	G	B	E	S	D	T	F	S	M
H	G	T	D	I	O	S	M	T	W	J	B	L	O	H
D	Z	V	E	R	F	P	Y	R	A	L	H	N	D	E
J	K	F	E	R	A	L	K	S	L	E	A	P	L	D
B	N	D	R	F	W	R	Q	S	R	X	O	I	R	G
M	H	L	F	K	S	D	T	E	U	X	C	N	A	G
K	H	L	M	K	R	T	S	I	S	O	A	W	P	Q
L	G	H	S	D	R	E	V	N	M	S	E	A	L	E
S	E	F	V	Q	M	L	K	S	A	I	P	O	W	L
H	N	K	J	L	D	C	T	Y	S	U	I	P	Q	Z

山地的生命：生活在高山的动物

在海拔3350米左右的地方，就开始出现了高山冻原。在这里，风很大、空气稀薄、雨水不多，温度可以骤降到冰点以下。这种条件对于大多数植物来说过于严苛，这里通常呈现一种崎岖的岩石冻原的景观。很多生物群系的分布取决于与赤道的距离，而高山冻原则不太一样，这种环境在世界各地的高山上都能见到。然而，高山冻原也正面临着威胁，受气候变化的影响，更多低海拔的物种正在往海拔更高的高山上迁移和扩散，而高山冻原生物群系中的物种面临着巨大的竞争。

由于高山冻原分布在世界各地，每个地方的高山冻原都有着一系列非常独特的动物。在新西兰，你能见到地球上唯一一种生活在高山的鹦鹉：啄羊鹦鹉。在欧亚大陆，你会见到西方松鸡，这是一种很有趣的鸟，雄性西方松鸡会像火鸡一样大摇大摆地摇着扇子一般的尾羽。鸣禽在空中飞过，雕和兀鹫在空中翱翔。几种盘羊和山羊生活在这些山地，欢快地从一块石头跳到另一块石头上。其他的哺乳动物包括雪豹、熊、鹿、狼和野兔。许多无脊椎动物也找到了应对寒冷的办法，在这里能见到蚱蜢、蝴蝶、甲虫、蜗牛、蛞蝓和蜘蛛。很少有爬行动物和两栖动物能够在高山冻原生存，因为它们需要阳光的热量来保持身体温暖才能活动。少数生活在这里的蛇类藏在洞穴中和岩石下，在温暖的日子里，蜥蜴会爬出来晒太阳。山地的溪流有时也会成为一些蛙、蟾蜍和蝾螈的家园。

鼠兔

我最喜欢的食物：
植物

我有多重：
大约170克

我有多大：
16~22厘米

和你相比呢：
我可以轻松地蹲在你的膝盖上

我生活的冻原区域：
美洲西北部的山地

尽管我的耳朵不算大，但我和穴兔、野兔是亲戚。我整天可忙了，要守卫我的地盘，不让其他鼠兔来入侵，要躲避所有要抓我的捕食者，还要收集植物储藏起来，为过冬做准备。这里可能比较干燥，但从食物中，我就能够获得足够的水分。

羱羊（一种山羊）

我最喜欢的食物：
禾草

我有多重：
67~117千克

我有多大：
雄性长149~171厘米

和你相比呢？
我可以平视你的眼睛

我生活的冻原区域：
法国、德国和中欧的山地

我是出色的爬山健将——你会见到我在陡峭的岩坡上奔跑，对我们来说，这好像是世界上最容易的事情。所有的成年羱羊都有弯曲的角，但雄性的角会比雌性的大得多。在繁殖求偶的季节，我们会与其他雄性用角相撞，争夺雌性。

了解高山动物的有趣知识

克服重力的羱羊

试着查找一些资料，观看爱冒险的羱羊在几乎垂直的陡坡上寻找矿物质的视频。

偷东西的鼠兔

鼠兔很可爱，但不要被它们的样子骗了，它们可是淘气的小偷。

在雪中玩耍的啄羊鹦鹉

这些拥有高智商的鹦鹉通过打闹和滚雪球来交朋友。

雪豹宝宝体检

雪豹非常稀少罕见，所以科学家们给他们找到的雪豹宝宝进行体检，确保它们身体健康。

岩雷鸟

我最喜欢的食物：
浆果、嫩芽、树叶和种子，主要看我生活在哪里

我有多重：
440~460克

我有多大：
长34~36厘米

和你相比呢？
我可以够到你的小腿

我生活的冻原区域：
北美、欧洲和亚洲的山地、山坡上

我身体里的脂肪只能储存一点点能量，所以我要不断地找东西吃。利用食物中一部分的能量，我把冬天的白色羽毛换成春夏时节的褐色羽毛，这样无论哪个季节我都能在山中和环境融为一体。

黑真螈

我最喜欢的食物：
昆虫和蜘蛛等小型无脊椎动物

我有多重：
不到20克

我有多大：
雌性可以长达15厘米，雄性长14厘米

和你相比呢？
比你的手长一点

我生活的冻原区域：
欧洲的高山上

我打破了身为两栖动物的原则：我不需要在水中产卵。经过两三年的“怀孕”，我直接生下活的幼体。我的活动范围很小，只敢在离家几米远的地方冒险。

金雕

我最喜欢的食物：
兔子和黄鼠等哺乳动物

我有多重：
大约5.1千克

我有多大：
长66~102厘米，翼展1.8~2.3米

和你相比呢？
把你的双臂平展开，从一边中指尖到另一边中指尖就是你的臂展，而我的翼展可以达到你臂展的两倍

我生活的冻原区域：
整个北半球的山区

我有巨大的翅膀和锋利的爪子，它们令人印象深刻。我捕猎的方式是趁着猎物猝不及防的时候将它们抓起。大多数时候，你会看到我栖站在岩石、树枝和巨大的巢上，那是我在观察这个世界，一天中85%的时间里我可能都这么做。

高山加法题

根据下面的算式，计算出每种动物或每种栖息地等于哪个数字？然后算出最后的加法题。

答案：17。

字母数独

这个游戏和数独一样，不同的是用字母而不是用数字。你只能用“高山的”英文Alpine的6个字母，即A、L、P、I、N和E。记住，每一行、每一列和每个子区域都必须包含6个字母，并且字母不能重复。

E	N	A			
	P		N		
A					
				N	
		E			N
			P		L

暖和起来：离开冻原的时间到了

啊……好冷啊，在我们被冻住之前，离开冻原吧。我们的身体适应不了这里的极端严寒。这就是为什么住在这里或来这里旅行的人都必须穿那么多层衣服。我们没有麝牛那样厚厚的毛发，也没有海象那样的脂肪，所以我们在北极和山地时有失温的危险，而且这里空气稀薄，地形复杂崎岖，冰面湿滑……

但生活在冻原的动物们却能够从容面对这一切，对于山羊和盘羊来说，它们还能非常自信地蹦蹦跳跳。这是因为随着时间的推移，演化塑造了这些生物，让它们能够完美地适应这里的环境。演化的力量给了山羊结实的四肢，让狐狸、野兔和鼠兔在任何时间都能隐蔽，甚至让蝴蝶和蝾螈等意想不到的物种都能在这里生存，演化还创造出了一些奇特的能力。

演化以驯鹿为例，它们的眼睛在冬季和夏季会改变颜色，帮助它们在不同的光线下看东西。对于冻原的动物来说，这个生物群系一点也不荒芜或单调——这里是它们的家，遇到任何挑战都必须加以应对。幸运的是，它们已经演化得能够适应这里的寒冷。

冻原纵横填字谜

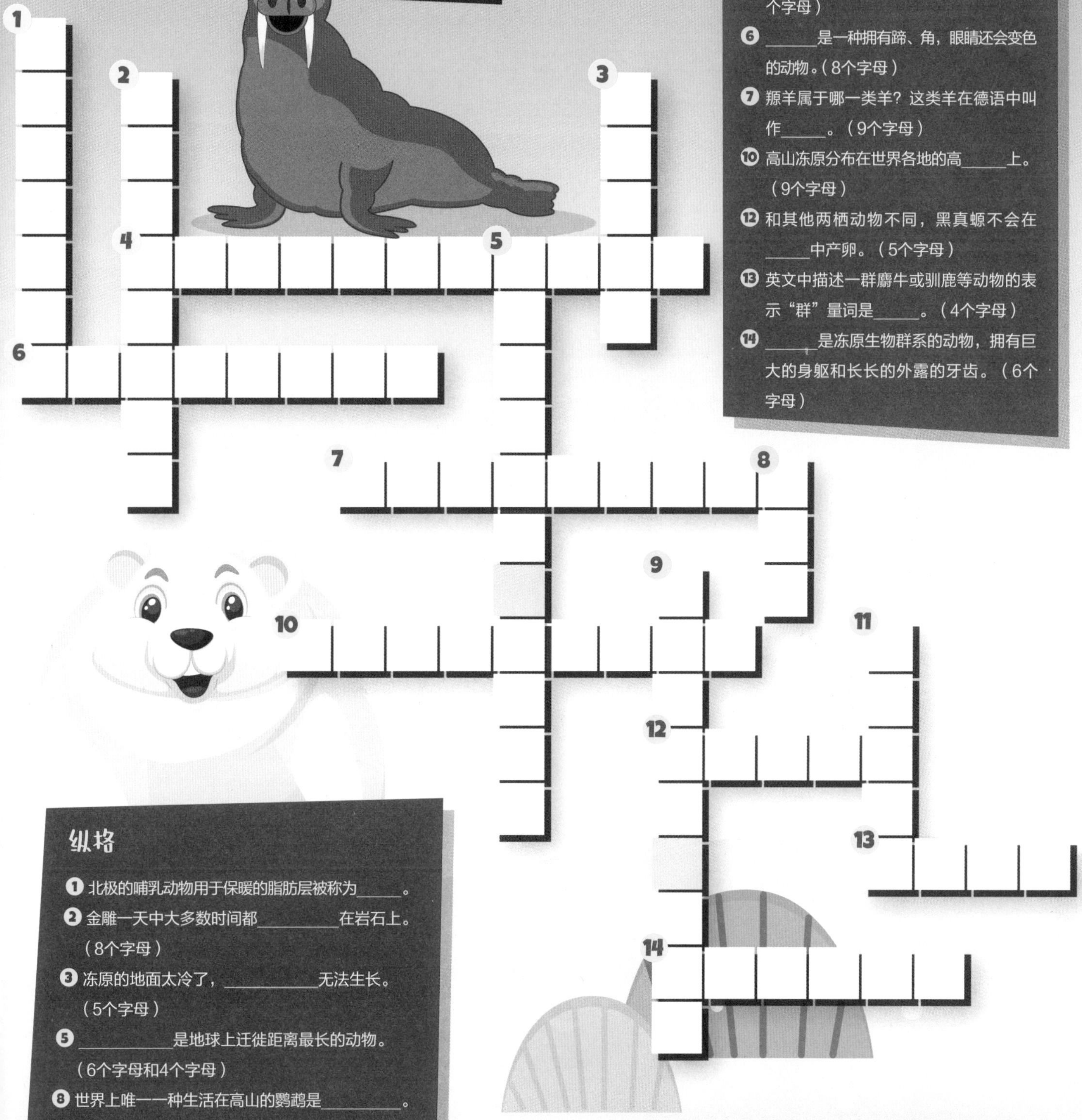

横格

❹ 改变颜色可以让动物保持______。（11个字母）

❻ ______是一种拥有蹄、角，眼睛还会变色的动物。（8个字母）

❼ 瓶羊属于哪一类羊？这类羊在德语中叫作_____。（9个字母）

❿ 高山冻原分布在世界各地的高_____上。（9个字母）

⓬ 和其他两栖动物不同，黑真螈不会在_____中产卵。（5个字母）

⓭ 英文中描述一群麝牛或驯鹿等动物的表示“群”量词是_____。（4个字母）

⓮ ______是冻原生物群系的动物，拥有巨大的身躯和长长的外露的牙齿。（6个字母）

纵格

❶ 北极的哺乳动物用于保暖的脂肪层被称为_____。

❷ 金雕一天中大多数时间都_________在岩石上。（8个字母）

❸ 冻原的地面太冷了，__________无法生长。（5个字母）

❺ __________是地球上迁徙距离最长的动物。（6个字母和4个字母）

❽ 世界上唯一一种生活在高山的鹦鹉是_________。（3个字母）

❾ _____是生活在冻原并且是世界上最大的猫头鹰之一。（5个字母，3个字母）

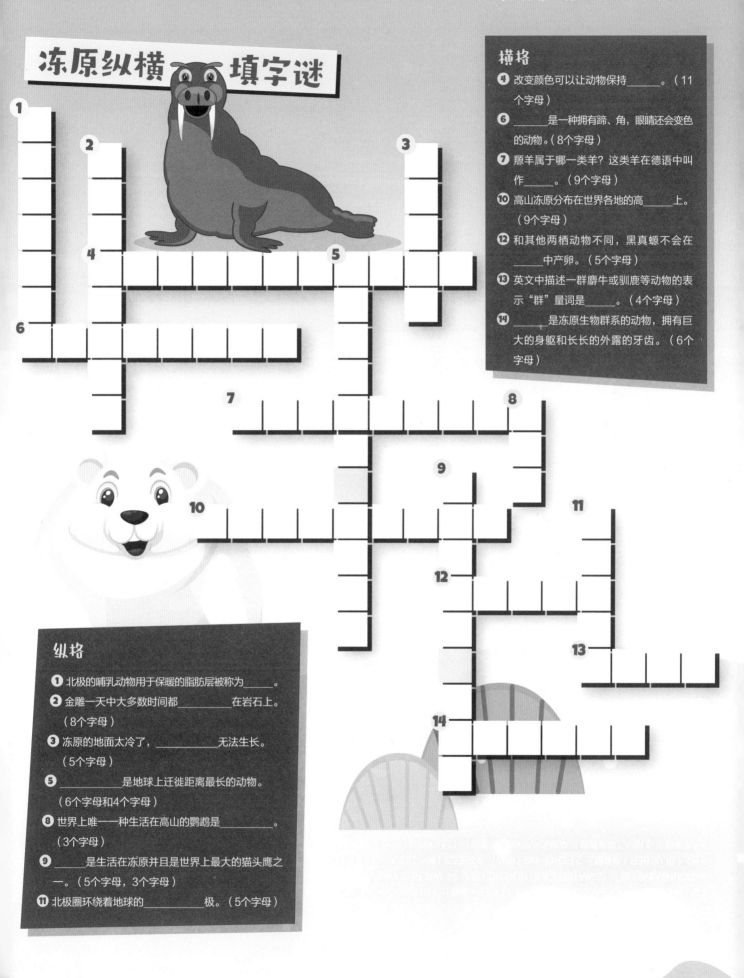

⓫ 北极圈环绕着地球的__________极。（5个字母）

试一试：体验冻原动物生活的5个小实验

罐子里的暴风雪

需要的实验物品

- 婴儿润肤油
- 白色颜料
- 蓝色食用色素（可选）
- 无色的泡腾片
- 水
- 茶匙
- 一个透明水杯或罐子

实验步骤

1. 将水倒入水杯或罐子中，倒到大约1/4的位置，然后加一茶匙（大约5毫升）白色颜料继续搅拌，使其看起来像是牛奶。
2. 将罐子的其余部分灌满婴儿润肤油。如果有的话，加入一滴蓝色食用色素。让颜料混合物沉在底部。
3. 将泡腾片掰开，然后每隔一会儿就将一小粒放入罐中。

你学到了什么？

因为油和水的密度不同且不相溶，它们不会混合在一起。泡腾片与水反应会产生气泡，将颜料混合物向上推。对于冻原的动物来说，是风将雪吹起来——想象一下，你试着寻找食物，而雪迎面吹向你，呼啸过你的脸，那是怎样的感觉？

薄冰上的北极熊

需要的实验物品

- 2个塑料托盘或装饰物的塑料盒
- 水
- 冰
- 小的北极熊玩具或黏土
- 一个汤匙

实验步骤

1. 在一个容器里倒入大约2厘米深的水，然后将其放入冰箱冷冻室。
2. 如果没有北极熊玩具，可以用黏土自己制作2个小的北极熊模型，并让它们干燥。
3. 待容器中的水冻实成冰，将其取出来，在桌子上轻轻摔容器，或用汤匙敲打冰块，使其碎成几块较大的冰块。
4. 在另一个容器中倒入几厘米深的冰水，然后加入你的冰块。
5. 把你的北极熊玩具放在冰上，使其平衡，不要落入水中。注意观察它们在冰面上有多少空间，冰和冰之间的距离有多远。
6. 小心地倒入一些室温的水或温水。坐下来观察冰块的变化，或放在那里，过10分钟后再来查看。

你学到了什么？

令人难过的是，这就是北极地区的海冰正在发生的事。北极熊和其他一些北极动物利用这些漂浮的海冰进行捕猎、繁殖和休息。随着海洋温度的上升，海冰融化得越来越快，留给这些动物活动的海冰越来越少；它们从一块海冰到另一块，要跨越的距离也更远了。

褶皱山脉如何形成

需要的实验物品

- 几条不同颜色的毛巾
- 两个盒子
- 一位朋友

实验步骤

1. 将每条毛巾纵向对折，然后叠放在一起。想象一下，这是地壳的不同分层。
2. 在这一叠毛巾的两端各放一个盒子。盒子就像地球的板块构造一样。
3. 和朋友每人选一个盒子，跪在盒子后面，数到3，然后一起把盒子向中间推。

你学到了什么？

你看到毛巾是如何被挤压而折起来的，以及毛巾的一部分是如何被挤压推上去的吗？这就是山脉形成的方式之一。世界上很多宏伟的山脉是褶皱山脉，包括喜马拉雅山脉、阿尔卑斯山脉、安第斯山脉和落基山脉。

雪豹尾巴为什么这么粗？

需要的实验物品

- 两条厚羊毛围巾
- 做一个兽穴

实验步骤

1. 将两条厚羊毛围巾缠绕，编在一起，然后将一端塞到你的裤子后面，当作你又长又粗的“尾巴”。
2. 雪豹喜欢藏身在山上的洞穴里，所以可以把桌子下面或毛毯下面当作你的“兽穴”。
3. 把膝盖蜷缩在身下，用你的“尾巴”盖住你的双脚，把你的手和脸也埋在“尾巴”里。

你学到了什么？

厚羊毛围巾做成的尾巴应该会让你感觉舒服和温暖。雪豹在休息时会将尾巴盖在身上，尽可能地保持身体的热量。它的尾巴还非常有助于在追捕猎物时保持平衡。

雁群为什么排成“人”字？

需要的实验物品

- 彩色美术纸
- 记号笔
- 剪刀
- 电风扇

实验步骤

1. 剪出一张长长的纸条，沿着纸条画一列简单的大雁。
2. 打开电风扇，用一只手拿着纸条将其放入电风扇吹出来的气流中，试着让纸条尽量平整稳定，这样所有的大雁都能排成一列飞行。
3. 将纸条纵向对折，注意让大雁图案在外侧。
4. 再次将纸条放入气流中，折痕的部位靠近风扇。

你学到了什么？

纸条被折叠后更容易保持稳定，对吗？当大雁在极地冻原上迁徙时，它们就像这样排成“人”字形飞行。前面的鸟切开气流，后面的鸟受到的空气阻力更小，飞行起来更省力。它们会轮流飞到最前面。

图书在版编目（CIP）数据

奇趣的动物王国 / 英国Future公司编著 ; 沈成译
. -- 北京 : 人民邮电出版社, 2023.4
（未来科学家）
ISBN 978-7-115-59962-9

Ⅰ. ①奇… Ⅱ. ①英… ②沈… Ⅲ. ①动物—青少年
读物 Ⅳ. ①Q95-49

中国版本图书馆CIP数据核字(2022)第206668号

内 容 提 要

本书共 3 册，主题分别为浩瀚的太阳系、奇趣的动物王国、神奇的计算机及编程入门。书中包含大量精彩照片和图表，使用可爱的卡通人物形象讲述趣味科学知识，并与现实生活结合，科学解答孩子所疑惑的问题，让孩子在轻松的阅读中掌握科学原理。同时融入 STEAM 理念，通过挑战、谜题、测验，以及在家或学校都能进行的科学实验和实践活动，帮助孩子更加深刻地理解知识和运用技巧，学会解决问题的方法。

◆ 编　　著　[英]英国 Future 公司
　译　　　　沈　成
　责任编辑　宁　茜
　责任印制　马振武
◆ 人民邮电出版社出版发行　　北京市丰台区成寿寺路 11 号
　邮编　100164　　电子邮件　315@ptpress.com.cn
　网址　https://www.ptpress.com.cn
　北京盛通印刷股份有限公司印刷
◆ 开本：880×1230　1/16
　印张：6　　　　2023 年 4 月第 1 版
　字数：208 千字　　　　2023 年 4 月北京第 1 次印刷
著作权合同登记号　图字：01-2021-5733 号

定价：199.00 元（共 3 册）

读者服务热线：(010)81055493　印装质量热线：(010)81055316
反盗版热线：(010)81055315
广告经营许可证：京东市监广登字 20170147 号